食品工場の生産性2倍

"ムダに気づく"人づくり・仕組みづくり

弘中泰雅 [著]
Hironaka Yasumasa

日刊工業新聞社

はじめに

　日本の食品製造業は、製造業25業種のうち従事者数において最大の製造業であるにも関わらず、その生産性は残念ながら極めて低く、また従事者平均給与額も同様に極めて低い。食品製造業の生産性はなぜこのように低くなってしまったのか。因果関係という言葉があるが、食品製造業が現在の低生産性の状況（結果）になるには、それ相当の原因があったと考えるのが自然であろう。トヨタ生産方式においては「問題は宝である」という。なぜなら問題の存在に気づく事ができるからこそ、初めて改善ができるからである。低生産性の原因を問題と考えれば、原因を明確にして改善する事こそ生産性向上につながるのだ。
　食品製造業の問題を認識し改善を行うことにより生産性向上が可能ならば、まずはどのような原因によって食品製造業が現在のような低生産性になったのかを探る必要がある。その原因を明確にした上で原因に対する対応策を発見し実行することによって、日本の食品製造業の生産性を上げねばならない。低生産性をもたらした原因に対して的確な対策を行う事で、食品製造業の生産性向上を目指すことをこの本の出版の目的としたい。
　ところで日本の全製造業の従業員約750万人のうち食品製造業の従業員数は約110万人であり、製造業従事者のほぼ8人に1人は食品製造業に従事していることになる。しかも食品製造業は付加価値（生み出した価値）総額においても、自動車などの輸送機械、一般機械、化学工業に続き、日本で第4位の規模を誇る巨大な製造業なのである。
　ところが食品製造業の一人当たりの生産性（付加価値金額／人）は、残念ながら製造業25業種中の最低の部類に属し、食品製造業の生産性はなんと製造業平均の約60％に過ぎないのである。その上高生産性の素材型製造業を除いた加工型食品製造業だけに限ると、その生産性は製

造業平均の約50％、即ち製造業平均の生産性の半分しかないのである。誤解のないように述べるが、自動車などの生産性の高い日本のリーディング製造業と比較してではなく、あくまでも製造業全体の平均と比較してのことである。つまり、日本の食品製造業の生産性の実力は先進国の製造業の生産性のレベルに達しているとはとても言えないのである。

多くの企業経営者や企業幹部は従業員の給与をできれば増やしたいと思っておられるであろう。その思いは食品企業の経営者の皆様とて同じであろう。このように低い平均給与は食品製造業にとって極めて大きな課題であるが、この課題を解決するには食品製造業の生産性を２倍に上げるしか方法はないと著者は考えている。

食品製造業が現在のような低生産性と低賃金になったのには当然原因があるはずであり、本著「食品工場の生産性２倍」の狙いはまさにそこにある。真因を解き明かした上で、その解析の上に立って必要な改革や改善を行って食品製造業を変革し、食品製造企業の収益性や生産性を製造業平均のレベルにまでキャッチアップしなければならない。

即ち現在の食品製造業の生産性を２倍に向上させるのである。それが食品製造業従事者の給与を増やす為に、最善の近道だと著者は考えるからである。食品製造業の現在の体質を改善するために、これまでの考え方ややり方を見直して具体的な方策を実行することによって、低迷している食品製造業の現状を打破し、生産性を２倍に向上することによって従事者の平均給与を向上しようと意図するものである。

これまで長い間、著者は食品工場の生産性向上に挑戦してきた。その結果としてほとんどの食品工場の生産性は２年程度で20％程度は向上できるものと確信しているし、ここ数年間にわたり支援させて頂いてきた多くの食品企業ではそれを実現してきたつもりである。しかし多くの食品製造業の関係者は食品工場の低生産性に関してまだまだ意識が低く、生産管理に対する知識や意欲が食品製造業に不足しているのが現実である。

また日本全体の繁栄のためにも食品製造業の生産効率を上げ、食品製造業による労働力の浪費を少なくすることによって少子高齢化に悩む日本において労働力を融通することができるし、かつ生産性が向上し1人当たりの所得を増やすことによって国民の購買力を増やし、日本の経済規模を拡大していくことができるのである。このような目的の為にも食品製造業の生産性を向上させることは、従事者数第1位の食品製造業の産業規模から見て重要であり、食品製造業の生産性を向上させる事は今の日本の食品製造業にとってまさに避けて通れない課題だと考えている。

　食品製造業の生産性を大きく向上する事は、食品製造業従事者の平均賃金を上げるためだけでなく、日本経済のさらなる発展を実現する為にも必要であり、その為には食品工場において如何なる考え方や方策が必要であるか。この本ではそれを追求していきたい。

2016年9月　　　　　　　　　　　　　　　　　　　　弘中　泰雅

（推薦文）

熱き思いと深い愛情が説く食品工場の再生術

（一社）日本生産管理学会会長
関西学院大学教授　福井幸男

　本書は、わが国の食品業界に関心がある人々にとどまらず、広く日本のものづくりに関心を抱く人々にとっての必読の書物である。それは、食品製造業がわが国産業の活性化の議論の中では極めて語られることが少ない、研究上の盲点になっているからである。ITや装置型産業の問題はマスコミでも取り上げられることが少なくないけれども、食品という日常生活を支える産業の実情については、語られることが極めて少ない。私を含めて日本人は日常生活を支える食品工場については、灯台下暗しの感がする。「鯖を読む」、「どんぶり勘定」「誤魔(胡麻)かす」に見られるように、あいまいな計算事例はこの業界の特有事例なのか、本書をひもとけばその理由がわかるというものである。

　すでに、著者はこの方面の大家として名をなしており、『食品工場の工程管理』、『食品工場の品質管理』、『食品工場の経営改革』『食品工場のトヨタ生産方式』『食品工場の生産管理』と最近５年間で５冊の著書を世に問うている。いずれも、長年の筆者の食品生産にかける熱情がほとばしる好著であり、『食品工場の生産管理』は、一般社団法人日本生産管理学会の学会賞の栄誉に輝いている。

　本書でも筆者の長年の研究に裏付けられた数多くの問題提起とそれに対するいくつかの具体性に富んだ提言は、この業界の将来に対する希望の光を灯している。

　本書の第一の特徴は、現場を知っている弘中氏しか書けない具体的な問題事例が、説得材料として、随所に有効に使われており、読者にリアルに訴える構図となっていることであろう。工場内に点在する手押し台

車の多さはその一例である。人による運搬は減少させなければいけない。なぜなら運搬は付加価値仕事の時間を侵食していると断言する。このような明快なサジェスションが本書中にちりばめられていると感じるのは私だけであろうか。材料のムダの指摘も正鵠を突いている。コンビニに卸すサンドウィッチとお弁当へのおかずの盛り付けの例も興味深い。わずかな盛り付け量の増加は大量になると、予期しない材料費の増加につながる。また、ケーキの生地の充填も手作業できっちりとした管理ができないだろうし、正規分布を使っての食品重量の管理の指導例はわかりやすい内容になっている。

　筆者の筆の運びは冴えわたっている。用意周到なマクロ経済データを使用して、産業別の生産性の比較を行う。そこでは食品産業が並外れて生産性が低いことを示すことに成功している。つぎにその要因は何か、具体的な事例を傍証にあげながら筆者の詮索はつづく。従業員の労働の質を勤続年数で援用して、「正規労働者よりもとにかく賃金の安い労働者を使う」との経営者の声を収録している。正規の就業比率が低いことを政府統計から傍証している。筆者の手堅い綿密なデータ分析は驚くべき事実を我々の前に示してくれる。1950年代の自動車産業と食品産業の生産性を比較すると、それほどの差はなかった。違ったのは自動車産業の給与水準が食品産業よりも４割高かったことであると。膨大なデータの中から用意周到なデータの読み取りは非常に興味深い結論を導き出している。戦後間もない頃、日本生産性本部は各産業の指導者を連れてアメリカに産業視察団を送り込む。これに食品産業は参加していなかったこと、また、トヨタ生産方式を本格的に導入した食品企業は少数にとまどったことを原因の一つにあげている。また、年来の筆者の主張である品質管理＝食品安全管理の思考の枠から抜け出せない事実を紹介している。最後の壁は、経営者の保守的な思考であり、従来やってきた枠を打破しきれていないという。その大元に品質管理とは食品安全管理という間違った既成概念があるという。

多くの指摘された問題に対する解答は、具体的な対策提案として実を結ぶ。ここは読者の楽しみに残しておきたい。最後に、このような対策がすべて具体的に十分に明記されているわけではないが、今後の食品産業を考えるうえで、多くの示唆に富む「実例」と「問い」と「打開策」に加えて、熟達のコンサルタントとしての「熱き思い」がひしひしと伝わってくる好著である。

CONTENTS　食品工場の生産性2倍

はじめに　1
推薦文　熱き思いと深い愛情が説く食品工場の再生術　4

第 I 章　日本の食品製造業の問題点　11

1　巨大製造業でありながら存在感の薄い食品製造業……………12
2　経済の変化に影響される製造業……………………………………20
3　戦後の食品製造業小分類の出荷額・従業員数・生産性の推移……25
4　食品製造業は二極化している………………………………………30
5　国際比較でもこんなに低い日本の食品製造業の生産性……………36

第 II 章　食品製造業の生産性を低迷させた原因　41

低生産性の原因 1　低い労働の質と従事者のやる気………………43
低生産性の原因 2　低い給与水準が生産性低下を招いた…………49
低生産性の原因 3　不十分な従業員教育……………………………53
低生産性の原因 4　生産管理手法習得のチャンスを逃した………59
低生産性の原因 5　生産管理技術習得の機会喪失…………………64
低生産性の原因 6　他産業と差がついた生産管理技術……………73
低生産性の原因 7　品質管理に対する無理解………………………77
低生産性の原因 8　間違ったIT投資…………………………………85
低生産性の原因 9　回収無き研究投資………………………………90

低生産性の原因 10　効果のない販売管理費 …………………………… 92
低生産性の原因 11　古い経営者の考え ………………………………… 100
低生産性の原因 12　人口増による消費量増加に慢心 ………………… 105

第Ⅲ章　意識を変えることでムダをなくして生産性を向上させる　107

1　生産性とは何か ………………………………………………………… 108
2　生産性を上げるのに必要なこととは？ ……………………………… 113

これでできる！対策 1
　生産性に影響を与えた組織資産の例 ………………………………… 116

これでできる！対策 2
　新しい経営の考え方とマネジメントの再構築 ……………………… 120

これでできる！対策 3
　自ら変わらねばならぬという意識 …………………………………… 123

これでできる！対策 4
　トヨタ生産方式は職場の組織資産作りのお手本 …………………… 125

これでできる！対策 5
　食品製造業の自覚しなければならない点 …………………………… 129

第Ⅳ章　食品工場のムダをなくして生産性を向上させる　139

これでできる！対策 6
　労働のムダ解消による生産性改善 …………………………………… 144

これでできる！ 対策7
　効率の悪いムダな作業の抜本改善 ………………………………… 148

これでできる！ 対策8
　材料のムダの削減 …………………………………………………… 155

これでできる！ 対策9
　工場と設備のムダを改善する ……………………………………… 168

これでできる！ 対策10
　自動化を進めてムダを省く ………………………………………… 171

これでできる！ 対策11
　運搬のムダの改善 …………………………………………………… 175

これでできる！ 対策12
　スケジュールのムダの削減（問題の顕在化）…………………… 179

第Ⅴ章　食品製造業の生産性2倍への道　　189

1　問題顕在化と改善意欲と自動化で生産性2倍 ……………… 191
2　政府・行政に検討して欲しい事 ………………………………… 195

おわりに　201
参考文献　204
索引　209

第 I 章
日本の食品製造業の問題点

1 巨大製造業でありながら存在感の薄い食品製造業

　食品製造業の現状についてはこれまでにもいろいろ述べてきたが、低迷する現在の日本の食品製造業自体にこのような状態を引き起こす原因はないのだろうか。著者が食品製造業になぜ注目するかと言えば、食品製造業は製造業全体の従事者742万人のうち、製造業中分類25業種の中で日本一の従事者数を要する巨大な製造業だからである。それに飲料・たばこ・飼料製造業のうちの一般的に食品製造業と理解されている飲料製造業を加えると、食品製造業関連の従事者は図表Ⅰ-1のように110万人にも及ぶ極めて大きな規模の製造業なのである。この他にも化学工業の中には通常食品工場と捉えられている可溶性デンプンやゼラチン・香料などの製造業もあるから、食品製造業と一般に認識されている従事者規模は統計上の食品製造業の従事者規模110万人よりもさらに大きく、まさに従事者規模において日本一の巨大製造業なのだ。よって日本人は食品製造業に対してもっと注目にすべきであると考えている。

　このように食品製造業は巨大製造業でありながら、自動車産業などと比べ製造業としての存在感が薄いのは残念ながら事実であろう。最近流行の「モノづくり」うんぬんと言う場合にも、食品製造業は蚊帳の外に置かれているようにも感じられる。実際モノづくりの会合に参加しても、食品製造業関連の方にお会いすることは極めて少ないが現実である。食品製造業は巨大な製造業で、もちろん工業統計の対象ではあるが、製造業所管省である経済産業省に食品製造業を直接所轄する部局のない曖昧な立場であるとも言える。産業政策においてはどちらかと言えば食品製造業は中小企業政策と捉えられているようにも感じられる。

　食品製造業の産業としての存在感が薄いのは、従事者数に比較して製品出荷額の比率が低いことが原因なのであろうか。それとも人々にとっ

第Ⅰ章　日本の食品製造業の問題点

ての存在感は従事者数より製品出荷額や付加価値金額の多少で判断されるのであろうか。製品出荷額では自動車に代表される輸送用機械器具製造業がダントツの１位である。続いて第２位は化学工業、そして第３位

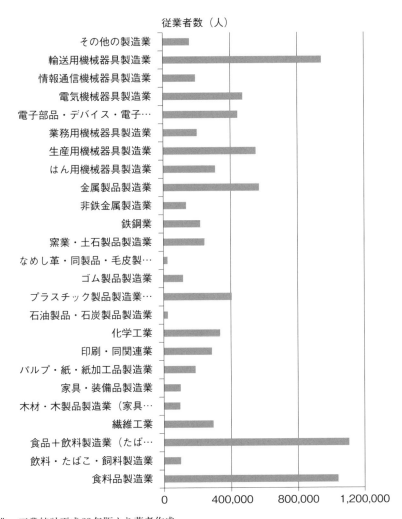

出典：工業統計平成23年版より著者作成

図表Ⅰ-１　製造業中分類別従業員数

が食品製造業である。付加価値金額でも図表 I-2 で示されるように、輸送用機械器具、化学工業、食品製造業と同じ順番になっている。このように見ると食品製造業はその出荷金額および付加価値金額において

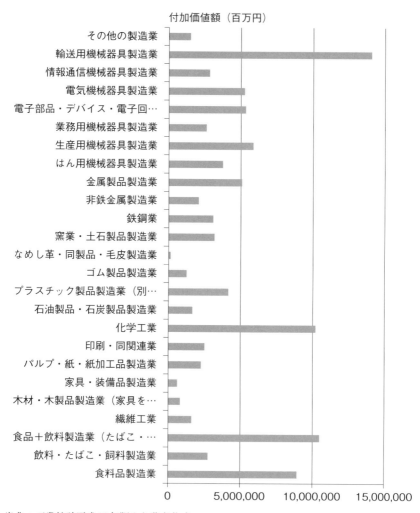

出典：工業統計平成23年版より著者作成

図表 I-2　製造業中分類別付加価値額（百万円）

も、多くの方々の認識よりも実は相当大きな製造業なのである。

　もう一つは貿易立国である（あった）日本においては海外収支額が重要視されるために、輸出額に占める食料品の割合が極めて低いことが食品製造業に対する人々の関心が薄い原因なのかもしれない。2010年の輸出額の比率で見ると、大きいものから順に電気機械18.9％、自動車18.8％、一般機械17.9％、鉄鋼5.5％、精密機械5.4％と続き、工業製品が輸出全体に対して88.4％を占め、食料品はわずかに0.5％である。このように食品製造業の輸出に対する貢献が少ないことが、食品製造業の存在感を減じさせているのかもしれない。

　また食品製造業自体数百年の歴史があり伝統的な食品が多く、相対的に新規性が乏しいために他の製造業と比較してエポックや話題性が少なく、自動車や電機に比べニュース等マスコミに取り上げられることも少ないと感じる。あるいは消費者は食品安全に関する関心のみが高く、産業としての食品製造業よりも食品安全の方に興味が集中しているようにも感じる。実際、都道府県レベルで食品衛生に関する担当部門はいずれの都道府県にもあるが、主要な製造業であるにも関わらず食品製造業の担当部局を持っている都道府県は極めて少ないのが現状である。

　例えばいわゆる工業を対象にする工業課のような部局はほとんどの都道府県にあるが、その部局では食品製造業は多くは対象外である。受付で食品製造業振興の担当部局を紹介して欲しいと頼んでも、大抵は食品衛生の担当部局を紹介される。これらの現実は食品製造業の生産性を追求する製造業としての人々の認識や関心が低いことから来るのであろう。このような結果からして食品製造業は製造業としての、産業振興政策からやや外れた産業になっているようにも感じる。

　食品製造業の付加価値金額は図表Ｉ-2に示されるように、製品出荷額に応じて相当の金額になっているが、他の製造業に比べて一定の付加価値を生み出す為により多くの労働力を費やしているので、一人当たりの付加価値金額は図表Ｉ-3のように主要製造業中で最も低い金額に

なっている。逆の見方をすれば必要な生産量（製品出荷額）や利益につながる付加価値額を生み出すために、食品製造業は必要以上に労働力を浪費し過ぎているとも言えるのである。

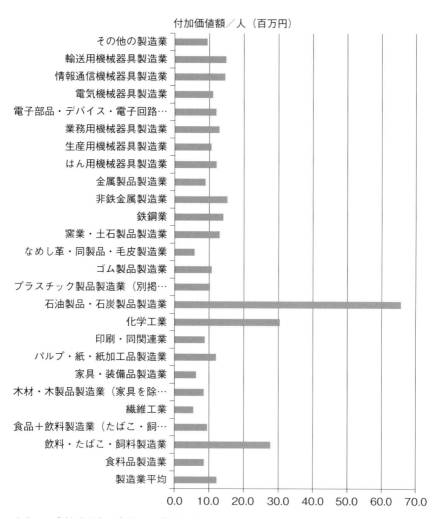

出典：工業統計平成23年版より著者作成

図表 I-3 製造業中分類別付加価値額／人

このことは国民の少子高齢化で労働力不足に陥りつつある日本の貴重な労働力を、日本の食品製造業はムダに浪費しているとも言える。食品製造業の生産性や給与水準は前述のような状態であるが、このような現状にあっては、食品製造業の生産性を向上する事は日本経済にとって急務なことであると考える。食品製造業の生産性を向上することは日本経済の発展にとって必須であると、同時に食品製造業従事者の生活にとっても大変重要であると考えている。

　次に労働者一人当たりの付加価値金額を多い産業から並べて、中分類製造業別の給与額／人を重ねて見ると、図表Ⅰ-4に見られるように多少の凹凸はあるが、全体的には付加価値額／人と給与額／人との間には高い相関が見られる。これから食品製造業の給与額／人は全ての製造業の中で下位から3番目で、食品製造業よりも給与の低い製造業は皮革と繊維だけである。これらはいずれも食品製造業よりはるかに従事者数の少ない産業なので、たとえこの二つの製造業の生産性が多少向上しても日本経済に与える影響は大きくないであろう。しかし従事者数が日本最大の巨大製造業である食品製造業の生産性向上、あるいは従事者の給与が増額されれば日本経済に与える影響は甚だ大きいはずである。

　もちろん設備装備率の極めて高い装置型製造業である石油製品や化学工業と、労働集約型加工型製造業である食品製造業とを同じ次元で比較することは必ずしも適切ではないかもしれないが、それでも従事者にこれまでを上回る平均給与を支給するには、高い労働生産性（付加価値額／人）が必要であることは大まかには言えるはずである。日本の輸出産業の花形である自動車や、最近は陰りが見えるとされているが情報機器製造業なども、高い生産性を示し給与も高額であることが読み取れる。傾向として言えることは図の左側の生産性の上位に並ぶ産業は装置型産業で高い装備率の製造業が並び、次には組立型製造業、右側の労働生産性の下位の産業の多くは労働集約型の加工型製造業が並んでいるように見える。

この図から製造業において従事者の給与額を増やすには、少なくとも付加価値金額／人、即ち労働生産性を向上する事が必要であることがわかる。これが給与額／人の低い食品製造業の生産性向上に著者がこだわ

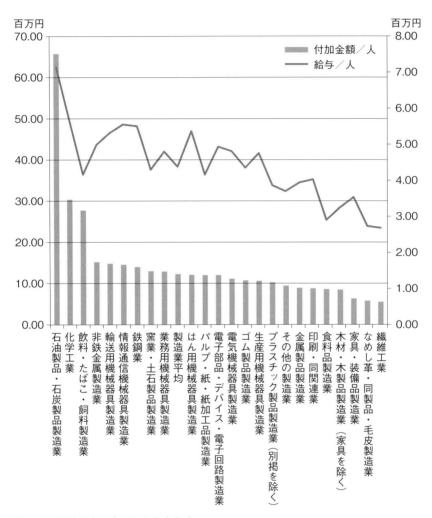

出典：工業統計平成23年版より著者作成

図表Ⅰ-4　付加金額／人と給与との相関

る大きな理由である。人の幸せはお金ではないと言う考えもあるが、適当な収入は生活に潤いをもたらす事は少なくとも言えるであろう。100万人を越える人々の可処分所得が増えることは、個人の生活問題だけでなく日本経済にとっても良い経済循環を与えることになると著者は考えている。もう一つの視点はある産業の労働生産性が低いという事は、低生産性によって従事者の所得が単に低いといことだけではなく、その産業が貴重な労働力をムダに消費しているという事実である。少子高齢化が叫ばれ労働力不足が心配される日本でこのような状態は好ましいことであろうか。

　食品製造業は早急に生産性を向上させ、従事者の給与を向上すると共に、浪費している労働力を別の領域に移動させ、有効に活用しなければならない。そのためにも、食品製造業の労働生産性を向上させる必要があるはずである。

2　経済の変化に影響される製造業

　本著で主に用いた工業統計は平成23年度版でその調査対象期間は2011年である。この年は未曾有の東北大震災の年で統計上もその影響ははっきりと表われている。経済は生き物というように経済は時の情勢を反映している。そのことからも単年の統計だけを見るだけでは不十分なので、製造業と食品製造業の近年の状態を調べてみると、それぞれの指標は図表Ⅰ-5の製造業の近年の推移、図表Ⅰ-6の食品製造業の近年の推移に掲げたようになっている。

　製造業の指標の推移でまず目を引くのが、2009年における製造品出荷額と付加価値額の大幅な減少である。この生産縮小の影響のため事業所数は大きく減少し、その後従事者も徐々に減少している。この大きな変化の原因は恐らく2008年後半に起きた、アメリカのサブプライムローンの問題を震源とする、リーマン・ショックによる、経済の急激な縮小に伴う世界的な購買力低下によるものだと考えられる。よくリーマン以前・リーマン以後と言われるが、2年以上たった2011年でもまだ以前の状態に回復していないことがわかる。

　ところが同じ時期の食品製造業は、製品出荷額については製造業平均ほどの大きな低下は見られない。ただし事業所数についてはこの年を境にかなりの割合で減少しているようである。世間で食料品製造業は景気の変動に強いとよく言われるが、まさにそのような現象が顕われたようである。この期間中、製造業では従事者数は漸次減少しているが、この時期には派遣切りや雇用再契約の停止などの雇用問題が話題になった。その影響で従事者数は減少したので、製品出荷額は回復していないにもかかわらず、付加価値金額／人（労働生産性）は大幅に改善し、2011年には2008年のレベルに回復していることがわかる。その結果給与支

第Ⅰ章　日本の食品製造業の問題点

払い総額は減少しているものの、一人当たりの給与はジワリと回復して以前の水準に近づいている。

　食品製造業ではリーマン・ショック以降も従業員数の減少はほとんどなく、付加価値額、付加価値／人、現金給与総額、給与／人等の指標も

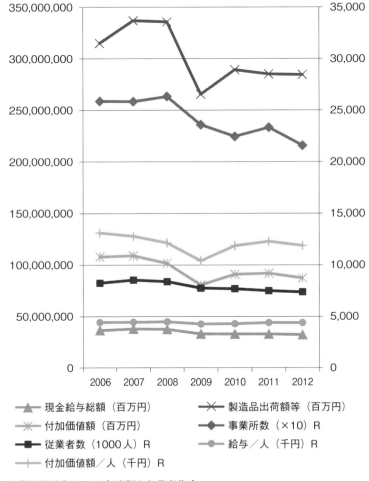

出典：工業統計平成18～24年度版より著者作成

図表Ⅰ-5　製造業の近年の推移

ほとんど変化がなかったようである。世界の経済状況に余り影響を受けない国内マーケットを主体とする食品製造業の特徴がよくわかる。最近農水産物（食品）の輸出の増加が叫ばれているが、食品製造業は統計的には国際経済の動向とは全般的にはまだまだ無縁のようである。

これに反して以前から事業所の減少傾向はあるものの、東北大震災の

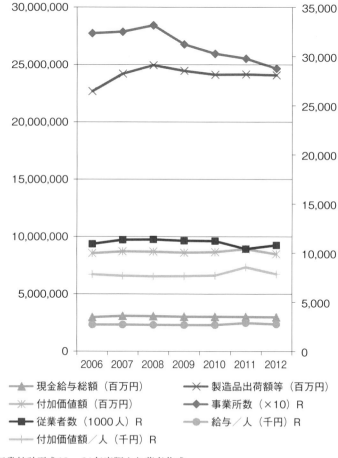

図表Ⅰ-6　食品製造業の近年の推移

出典：工業統計平成18～24年度版より著者作成

起こった2011年には食品製造業ではそれ以上に従事者が減少している。東北大震災の被災地の中にも食品工場が多く存在しており、特に水産工場などの沿岸部にある工場は大津波に襲われ壊滅的な被害を受けた工場も少なくなかったし、従事者の中にも仕事を続けることができない人が多くおられたであろう。本書を借りて今回の災害でお亡くなりになられた方にお悔やみを申し上げるとともに、被災された方・工場のできるだけ早い回復をお祈り申し上げる。

その大震災の影響で2011年の食品製造業の従事者は前年に比べて8万人も減少した。ところが製品出荷金額は全国の食品工場の努力で前年並みの出荷金額を維持した。大幅に減少した従事者で必要な出荷量を維持させねばならなかった事情で集中生産したので、結果として生産性（付加価値金額／人）は10％以上も向上することになった。

被災地から遠く離れた近畿圏など被災地以外の地域でも計画停電などがあり、工場の操業調整をせざるを得ない状況が起きていた。被災地から遠方にある筆者の関わる工場でも震災直後は被災地への供給を優先するために、製品アイテムを絞り込み集中生産を行った。その結果集中生産のために生産ロットサイズが自然に大きくなり、かえって生産性が向上したように考えられる。被災地の操業できない工場の生産分を補完するために行った、集中生産が図らずもこの年の生産性向上をもたらしたようである。

しかし11年も後半になると震災特需のような状況は全国的に薄れて従前の状況に戻った。このような災害は二度と発生して欲しくないが、2011年には限られた従事者数で生産したために、生産性が10％以上も上がったことは事実として残った。奇しくもこの事実は食品製造業の生産性を向上できる可能性があることの証拠ではないだろうか。

次にこの期間の製造業に対する食品製造業の生産性（付加金額／人）と給与／人を図表Ⅰ-7で対比してみた。近年は図のように食品製造業の生産性と給与／人は上昇傾向にあるように見える。しかしこの間世界

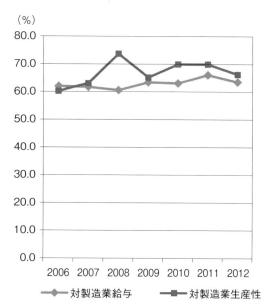

出典:工業統計平成18~24年度版より著者作成

図表Ⅰ-7　製造業に対する食品製造業の生産性と給与

経済は低迷し、折からの円高で特に輸出企業は苦戦を強いられた時期でもあり、それに加えてリーマン・ショックという大変な事態も発生していた。この図では多少は製造業と食品製造業の差は縮まっているように見えるが、食品製造業が前述のように国際経済の影響を受けづらい特性及び東北大震災による影響から考えて、実際には短期的な動向の可能性もあるので直ちに近年食品製造業の生産性が向上していると判断する事は注意を要する。

　実際リーマン・ショックを除いても製造業の生産性は近年若干下降傾向にあるし、東北大震災の翌年の2012年には震災による特需や集中生産がなくなり震災以前の生産性にほぼ戻っているようだ。そのため2011年には給与／人が製造業に若干近づいたが、2012年には生産性はほとんど震災前の状況に戻っているようである。

第Ⅰ章　日本の食品製造業の問題点

3　戦後の食品製造業小分類の出荷額・従業員数・生産性の推移

　食品製造業は図表Ⅰ-8の他の製造業と同様に図表Ⅰ-9に見られるように、戦後急速に出荷額を増加してきた。その後1990年頃には現在とほぼ同規模の生産額約23.0兆円に達している。ピークは1998年の約24.8兆円である。バブル経済の崩壊もあり8％程度減少したが、2007年から回復してきて2012年現在では約24.1兆円になっている。この図中に付加価値／人とある指標は労働生産性と考えて頂きたい。

　第2次大戦後から現在に至るまでの食品製造業の製品出荷額の推移をみて、最も目立つのは惣菜・弁当などを含むその他の食品製造業の出荷額の増加である。他の食品製造業に比較すると戦後には規模が小さかった

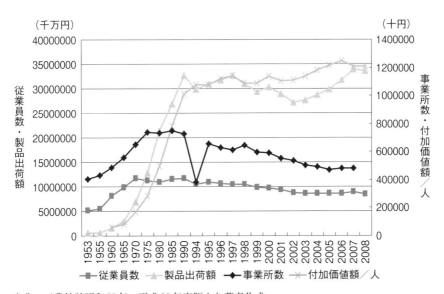

出典：工業統計昭和28年～平成20年度版より著者作成

図表Ⅰ-8　製造業の戦後の概況推移

ものの、現在では製品出荷額6兆円を超える食品製造業小分類の中で出荷額が最大の食品製造業である。他の食品製造業のほとんどは最近出荷額が減少もしくは停滞傾向にあるにも関わらず、その他の食品製造業だけは増加が続いている。このような現象はその他食品製造業の製品が弁当や総菜などコンビニの商材に適している、あるいは中食の増加という日本人の食生活の変化に影響されて起きているものと考えられる。

続いて出荷金額の多いのは畜産製造業であるが、これは食品製造業の生産の伸びとほぼ同様の傾向を示している。畜産製造業の出荷額の推移の特徴は2000年頃の明らかな減少である。このころO-157が発生し、01年には国内でBSEが発生して、消費者が牛肉の購入を敬遠する事態が起こり、04年には鳥インフルエンザと畜産製造業に悪影響を与える事態が続いたことが影響したと考えられる。その後は畜産製造業の出荷額は回復増加し、5兆円の大台を突破して推移している。

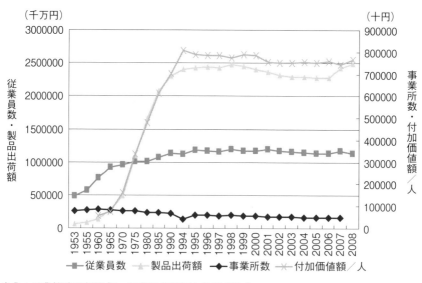

出典：工業統計昭和28年～平成20年度版より著者作成

図表Ⅰ-9　食品品製造業の概況推移

堅調な畜産製品の出荷額に比較して、2000年ころから出荷金額の減少を続けている水産製造業の衰退が目立つ。1990年ころ製品出荷額がピークに達した後、約10年間にわたり出荷額を維持したが2000年頃から急激に低下した。その後若干回復をした後やや減少してここ2、3年は約3兆円で推移している。背景には子供の魚離れがあり、20歳以下の魚の摂取量が過去10年で2割以上減少しているのが原因と考えられる。この現象の背景には日本人の食生活の変化があり、米の消費の減少と水産製品消費の連動も考えられている。

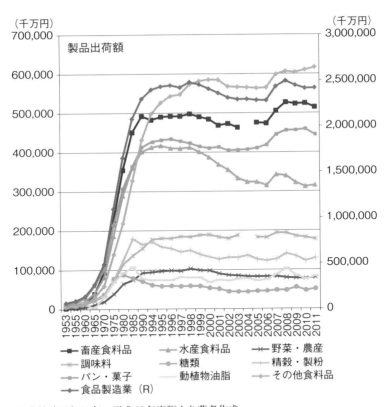

出典：工業統計昭和28年～平成23年度版より著者作成

図表Ⅰ-10　食品製造業小分類製品出荷額の推移

次にはパン・菓子製造業の出荷額が2005年ころから増加している。ここ2、3年で米の消費とパンの消費が逆転したと言われているが、この図の中でもそれが読み取れる。これに呼応するのが1985年ころからの精穀・製粉製造業の凋落傾向である。パン・菓子の出荷額が増加しているにも関わらず、精穀・製粉が減少しているのは米の消費減少が原因であることは明らかである。

調味料製造業は現在の水準に到達するまでに年月を要したが、1990年頃よりその生産額は維持されている。かつては調味料と言えば、酢、醤油、味噌など伝統的な調味料が主要なものであったが、現在はマヨネーズ、ケッチャップ、ウスターソース、オイスターソース、ドレッシングなど洋風や中華風の物が加わりバラエティ豊かになり、日本人の食生活が和風から洋風に変化する中で調味料の出荷量が維持されているものと考えられる。

このほか野菜・農産製造業は約2兆円の規模であったが、ここ10年余り減少傾向が続いている。動植物油脂製造業も変動しながらも1兆円弱の規模で推移している。糖類は摂取カロリーに対する健康意識からか、1980年ころ8000億円あったものが5000億円と低い水準が続いているようである。

従事者数では図表Ⅰ-11のごとくその他の食品製造業が群を抜いて多く、食品製造業約110万人の従事者（右の第2軸）のうち約1/3を超える約40万人が従事している。このようにその他の食品製造業は確かに製品出荷高比率が高いが、それ以上に従業員比率が高く極めて低生産性であることがわかる。次はパン・菓子であるが、1965年ころから減少傾向にある。次に多いのは水産製造業で、2000年頃から製品出荷額の減少に伴って急速に従事者が減少している。いわゆる魚離れの現象が起きているようだ。その次は畜産製造業であるが長年15万人弱で推移している。野菜・農産および調味料は約5万人であったがここ10年ほどは減少傾向である。精穀・製粉はわずかながら減少しているようであ

る。米の消費の減少と製粉工場や精米工場の大型化と自動化によるものと考えられる。動植物油脂も国民のカロリー摂取の意識からか、食の西欧化傾向にありながらも微減傾向である。糖類の従事者はもともと少なかったが、この60年ほどで工場の自動化が進み、1/3近くまで減少しており、現在では従事者は5000人程度になっている。製品出荷額が減少しているにも関わらず、これが図表Ⅰ-11に示されるように糖類の生産性が急速に伸びている理由であろう。

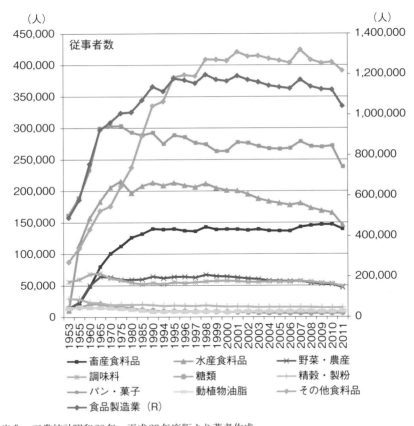

出典：工業統計昭和28年～平成23年度版より著者作成

図表Ⅰ-11　食品製造業小分類従事者数

4　食品製造業は二極化している

　労働生産性は景気等の経済状況の影響を受けても変動するので、それぞれの産業構造や成熟度や特性によりまた各産業により異なるのが一般的であるが、食品製造業の生産性の変動で目立つのは動植物油脂製造である。

　この動植物油脂製造業は2500万円／人の付加価値を示し食品製造業の中でも最も生産性が高く、2000年頃まで従事者数が漸減していたが、この頃に従事者数はわずかであるが反転増加をしている為に、生産性が2000万円／人を切るほどに急激に低下している。パームやしなどの食油原料産地における製品化等による原料価格の上昇と、マーケットの変化により製品が複雑化・小ロット化してきたために、それに対応するために従事者数が微増したことが原因だと考えられる。また輸入原料に頼る製造業であるために為替の影響や輸出国の輸出政策など、原料の輸入価格の上昇による原材料費率の変化を原因とする付加価値額減少の影響も考えられる。

　糖類は生産性が年毎に変動しながらも上昇傾向にあるが、これは図表Ⅰ－12に見られるように高度の設備化によって従事者数を劇的に減少させたことで、ここ10年余りで生産性を大きく向上させている。最近では食品製造業で一番の高い生産性を示す産業になった。調味料は製品の高付加価値化を行い1500万円／人と高い生産性を示しており、年ごとの変動も比較的安定している。精穀・製粉も変動しながらも1500万円／人前後の生産性を示している。ただ2011年に急激に増加しているが、これは震災の影響か否か判断には注意を要する。畜産製造は約1000万円／人から900万円／人で推移している。パン・菓子は食品製造業平均の750万円／人をわずかに上回る800万円／人程度の生産性であ

る。水産食品、野菜・農産、その他の食料品の生産性はほぼ600万円／人程度しかない。

　ここで問題なのは図表Ⅰ-12に見られるように、食品製造業の従事者数の1/3を超え最も多いその他食料品、3番目に多い水産食料品などの

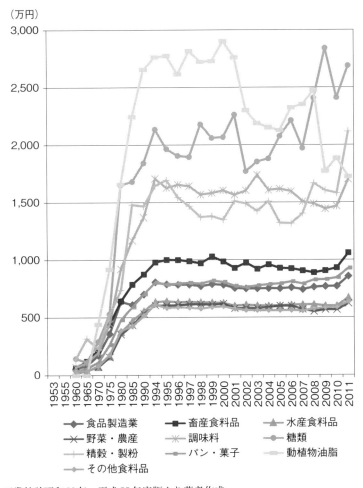

出典：工業統計昭和28年〜平成23年度版より著者作成

図表Ⅰ-12　食品製造業小分類別労働生産性／人

従事者数の多い食品製造業の生産性が極めて低いことである。その他の食料品の主要な製品は弁当・惣菜類であるが、これらはコンビニの中核商品であり生産額は増加し続けている。最も生産性が低い食品製造業の一つであるその他の食料品の食品製造業における比重が高くなると食品製造業の生産性も低下して行くことになる。そのようなことからかこのその他の食料品業界の意識も変わってきており、実際に著者への生産性向上に関する問い合わせや引き合いが近年徐々に増加しているのも事実である。

そこで本書においては食品製造業の低生産性の問題を述べる場合には、主に食品製造業の中でも生産性の低い畜産製造業、パン菓子製造業、水産製造業、野菜農産製造業、その他の食品製造業を念頭に置いて述べていくこととする。

小分類食品製造業のうち生産性上位の糖類、動植物油脂、精穀・製粉、調味料（食品製造業高生産性群）と、生産性下位の畜産食料品、パン・菓子、水産食料品、その他食料品、野菜・農産（食品製造業低生産性群）との間に、図表Ⅰ－12見られるように製造業平均の生産性に匹敵する約1200万円付近に大きな隙間がある。食品製造業の付加価値金額は高生産性群1兆4725.5億円、低生産性群7兆4549.8億円であるが、従事者数はそれぞれ約7万9000人、96万2500人であり、高生産業種は付加価値額の約16.5％を7.5％の従事者で生産し、低生産性群食品製造業は付加価値額の83.5％を92.4％の従事者で生産していることなる。その為に両者の生産性には大きな差が発生し、低生産性群食品製造業の製造業に対する生産性は63.2％、高生産性群食品製造業に対する生産性はわずか41.7％しかない。

このことが高生産性群食品製造業の給与／人は結果的に428.2万円であるにも関わらず、低生産性群食品製造業の給与／人は277.8万円しかないという現実を生んでいる。因みに全製造業平均は437.3万円／人である。食品製造業高生産性群の生産性は製造業平均の生産性よりも高い

にも関わらず、残念ながらその給与は製造業平均よりも低いのが実態である。食品製造業の経営者には従業員の給与は低くても良いという考えが残念ながらあるのかもしれない。

このように生産性の観点から食品製造業は明らかに2つのグループに分けられる。この2つの群の生産性の平均は図表Ⅰ-13に示した。高生産性群の製造業の製品は粉体或いは液体（加温時液体含む）の性状の物が多いので、装置型製造業に適した流動性の高い原料の製品を生産していることがわかる。これらはいずれもプロセス型の製造業であるが、装置型で従事者を余り必要としないので高い生産性を示しているのである。

産業分類のうち製造業中分類の各製造業の生産性／人（付加金額／人）と給与／人との間には、図表Ⅰ-4に見られるように高い相関があ

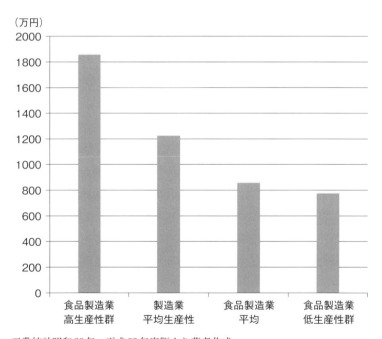

出典：工業統計昭和28年～平成23年度版より著者作成

図表Ⅰ-13　食品製造業高生産性群及び低生産性群の生産性

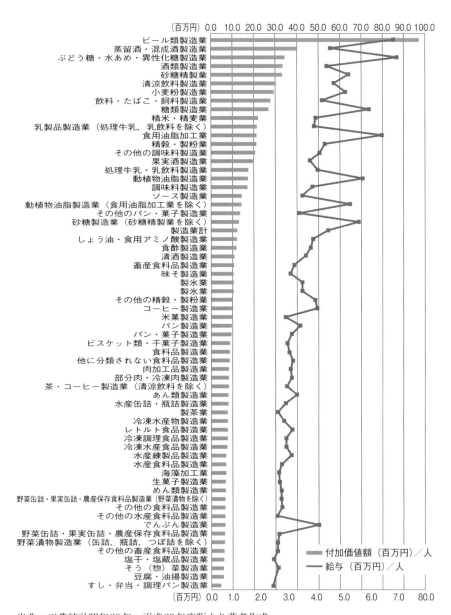

出典:工業統計昭和28年～平成23年度版より著者作成

図表 I-14 食品製造業関連小分類製造業の生産性と給与の相関

34

ることは既に述べた。飲料・酒類を含めた食品製造業細分類の生産性／人と給与額／人の関係について検討したものが図表Ⅰ-13である。食品製造業細分類においても多少の凹凸はあるものの、図表Ⅰ-14に示されるように全体的には明らかに生産性と給与の間には高い相関関係が見られる。

　図中の上側即ち生産性の高い食品製造業としては、酒類・清涼飲料水とブドウ糖・糖類、小麦、精米・精麦、食用油脂加工などの装置型素材型製造業が並んでいる。この他には製造業平均を上回るものとしては、乳飲料、調味料・ソースなどが見られる。逆に製造業平均を下回るものとして図の下側2/3を占める弁当・惣菜、豆腐・油揚げ、めん類、水産食品、パン菓子などの労働集約型の加工型食品製造業が並んでいる。

　このように生産性が製造業の平均よりも高く、給与も多い食品関連製造業は清涼飲料・酒類と装置型素材食品製造業であり、これらを除く食品製造業のほとんどは低生産性で低給与水準である労働集約型の加工型食品製造業である。この図からわかることは労働集約型加工食品製造業こそが、食品製造業の生産性を低下させている原因なので、食品製造業の生産性を向上させるためには、これらの労働集約型加工食品製造業の生産性を向上させることが極めて重要であることがわかる。

5　国際比較でもこんなに低い日本の食品製造業の生産性

　国の経済的な豊かさを示す代表的指標にGDP（国内総生産）があるが、これは一定期間内に国内で産み出された付加価値の総額を指す。国内総生産を人口で割ったものは国民一人当たりGDPと呼ばれる。各国の経済的豊かさは一人当たりGDPで比較する。それぞれの国はそれぞれの異なる通貨を使用しているので、為替の変動の影響を避けるためにOECD（経済協力開発機構）の統計では購買力平価（PPP）換算USドルが用いられている。

　先進34ヵ国で構成されるOECD加盟国が対象とされた2011年の順位では断トツの1位は89,801ドルのルクセンブルグ、2位は51,224ドルのノルウェー、3位は51,224ドルのスイス、以下アメリカ、オランダ、オーストリア、オーストラリア、アイルランド、スウェーデン、デンマーク、カナダ、ドイツ、ベルギー、フィンランド、アイスランド、英国、フランスと続き、日本は34,311ドルで18位である。以下イタリア、スペイン、ニュージーランド、韓国、イスラエル、スロベニア、ギリシャと続いている。

　次に食品製造業の労働生産性の水準の国際比較をしてみたいが、その前に日本の製造業の生産性水準についても調べてみたい。異なる国の産業別の生産性を調べるためには、購買力平価を用いて生産性を換算する必要があるが、そのようなデータは公表されていないので多くの場合為替レートが用いられている。為替レートは国際的金融取引や投機等の要因によって変動するためにバイアスを生じるので、当概年前後の為替レートを重視し平均した為替レートを用いて換算されているOECDのデータを用いてみることにした。

　日本の製造業の労働生産性は、1995年にはOECD加盟国中第1位に

なるなど1990年代には世界のトップクラスだったが、2000年代に入ると順位は低下傾向になった。2000年には第2位であったが、2005年には第8位、2009年には第12位まで落ちたが、2010年には105,221ドル（938万円）となり第6位まで回復した。その原因はリーマン・ショック後の景気の悪化により大幅に縮小していた生産活動が回復したことと、円相場の上昇により相対的に労働生産性が向上したためと考えられる。2012年後半からの円安傾向、その他の食料品の増加や政府のアベノミクスと呼ばれる経済政策などにより今後どのような変化が起きるのであろうか。

また今後TPPの導入いかんによって、食品製造業にどのような影響

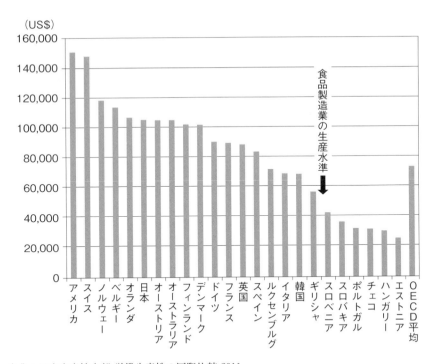

出典：日本生産性本部 労働生産性の国際比較 2011

図表Ⅰ-15　OECD加盟国の製造業名目労働生産性

が出るかも注目しなければならない。2010年のOECD加盟国の製造業名目労働生産性の順位は図表Ⅰ-15のように6位になっている。近年では最も生産性の良かった2011年の食品製造業低生産性群の生産性は製造業に対して63.2％だったので、この率を2011年の日本の製造業の生産性水準に掛けると66,499.6US＄になる。日本の食品製造業の生産水準を示すこの数字はギリシャとスロベニアの間に位置しており、73,533US＄であるOECD平均の製造業の水準よりもかなり低いことになる。

したがって一人当たり生産性が経済的豊かさの指標であるとすれば、食品製造業の従事者の92.4％を占める低生産性群の従事者の給与水準は、少なくとも先進国並みの経済的豊かさにあるとは言えないであろう。生産性はもちろん給与水準そのものを示すものではないが、給与は一人当たり付加価値額を超えることはあり得ないし、付加価値額／人を生産性なので前述のように付加価値額／人と給与額／人は相関関係があるので、日本の食品製造業の生産性、特に低生産性食品製造業の給与水準については国際的に見てもかなり低いことは確実に言える。

それでは食品製造業の生産性は何れの国でも低いのだろうか。図表Ⅰ-16に食品製造業生産性の国際比較を掲げた。少し古いデータであるがこの図は世界で最も高いアメリカの製造業の生産性を100％としたときの、欧州の先進国の食品製造業と日本の食品製造業の生産性を比較したものである。この図に表されているドイツ・フランス・英国の食品製造業の生産性は、アメリカの製造業の生産性と比べて60％程度だから、日本の製造業平均のレベルとほぼ同じである。即ちこれらの国の食品製造業の生産性は製造業の生産性に比べて日本のように低くないことがわかった。この図から見られることは日本と経済規模が余り違わないヨーロッパの先進国の食品製造業に比べて、日本の食品製造業の生産性が極めて低いという事実である。

この事実に対して「日本の食品は繊細で丁寧に作られているから」と言う人がいる。このような話を聞くと約25年前のゴルフクラブの話を思

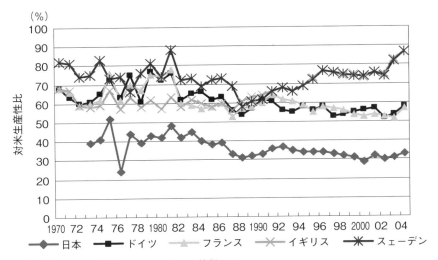

出典：原田泰：大和証券、エコノミスト情報 2007

図表 I-16　食品製造業生産性国際比較

い出す、20年余り前日本のゴルフクラブが高過ぎるという事が国際的に問題になった時、これに対して日本のゴルフクラブのシャフト（かつてはシャフトは金属製だった）は数回にわたってメッキをしているから高いという業界からの説明があった。今ではそれを信じている人はいないし、しかもゴルフクラブのシャフトはカーボンに変わってしまった。

　美食の国と言われるフランスの食品製造業でさえも、日本よりも相当に高い生産性なのである。この事実からも日本の食品製造業の生産性がなぜこんなにも低いのか研究する必要を感じる。このような状態であり

＊購買力平価（Purchasing power parity/PPP）：物価水準などを考慮した各国通貨の実質的な購買力を交換レートで表したものである。

＊移動平均：上下の変動が大きい株式や為替の推移の変動幅を平準化する際などに用いられる。

＊名目的労働生産性：名目値とは、実際に市場で取り引きされている価格に基づいて推計された値であり、実質値とは、ある年からの物価の上昇・下落分を取り除いた値を示す。名目値では、インフレ・デフレによる物価変動の影響を受けるため、経済成長率を見るときは、これらの要因を取り除いた実質値で見ることが多い。

ながら、どうして日本では食品製造業の生産性向上運動が起きないのか著者には不思議である。

第 II 章

食品製造業の生産性を低迷させた原因

製造業の中で食品製造業の生産性が極めて低いという現実は、それを引き起こした原因が過去にあったはずと考えるのが自然であろう。すなわち食品製造業の現在の低生産性は食品製造業関係者の伝統的価値観や習慣的行動様式によって引き起こされたのではないかと考えられる。本来の生産のあるべき姿に対して生産性を低下させる（ムダを引き起こす）何らかの原因があったのである。ここからはそのムダの発生原因について歴史的な視点から考えてみたい。なぜ日本の食品製造業が今日のように低生産性に陥ったのであろうか。日本の食品製造業の種々な問題点・不十分な点を様々な観点から要因別に分析して、その原因を見定め今後の食品製造業の生産性向上活動の糧とするために、食品製造業の生産性が低下した原因を探っていきたい。

　このような生産性低下の原因（製造業の生産の仕方や考え方）を取り除く事あるいは改善する事によって、食品製造業の低生産性という慢性疾患を治療（原因を取り除く）し、生活習慣病の慢性疾患と同様に克服できるのではないだろうか。それでは日本の食品製造業の生産性低下の原因になった習慣化された間違った考え方や行動について考察してみたい。

低生産性の原因 1　低い労働の質と従事者のやる気

　生産性特に労働生産性については労働者がどれだけ付加価値を生み出すかの指標であるから、まずその生産性に決定的な影響を与える人の問題、即ち食品製造業に従事する労働者の能力ややる気について最初に考えてみたい。ここでは食品製造業の従業員の能力について取り上げたいが、労働者の仕事の遂行力は単に能力だけでなく、従事者のやる気も大いに影響するので労働者のメンタルな要素が含まれることは当然である。労働者は一義的には収入を得るために働くのであるから、給与が低いと労働者のやる気（モチベーション）が減少し、能力も低下することは誰もが容易に想像できる。人のモチベーションを数値化することはかなり難しいが、食品製造業で働く労働者のモチベーションは、他の産業に比べてどのような状況であろうかと考えてみなければならない。

　経済学においては労働者の能力について「労働の質」という指標を用いて表している。労働の質とは、性別・学歴・勤務年数・年齢階級によって労働者を区分し、属性別給与データベースより算出して作成した指標である。その労働の質の算出時に性別、学歴、年齢階層と共に重要な属性として勤務年数がある。ところで食品製造業の従業員の平均勤務年数はどれほどであろうか、他の産業と比較した図表Ⅱ-1によると職業中分類別に加重平均した全ての職業の経験年数と勤続年数の平均はそれぞれ約10.2年と12年となっていた。ところが食品製造業のそれぞれの年数は8.7年と8年であり平均よりかなり短いことがわかった。

　食品製造業は、このように短い勤務年数のために職業経験が短く、熟練度の低い作業者で構成されている製造業であると言える。勤続年数等が長い産業の生産性が必ずしも高いとは限らないかもしれないが、食品製造業のように勤務年数が短すぎる場合は労働者の経験・熟練不足のた

めに、作業習熟度が低く生産性が向上しないのは当然だと言えるし、勤務年数が短い場合は勤務者当人にとって、職務内容や職場に不満があることが多くこれは早期退社につながる。

そのようなことから勤務年数は労働者の仕事あるいは職場に対する不満の逆数だと言えなくもない。もしもそうだとすると勤務年数が短い場合は従事者のモチベーションは当然低くなりがちで、短い勤務年数と食品製造業の低生産性との関係が無関係だとは断言できないはずである。

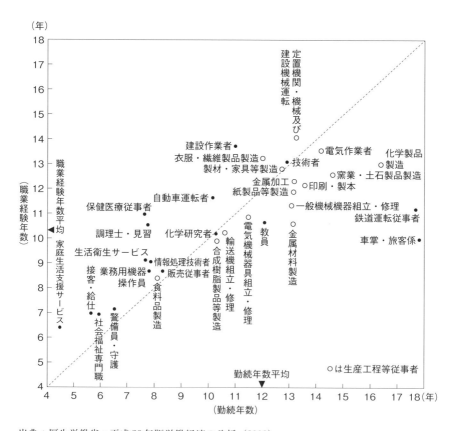

出典：厚生労働省：平成20年版労働経済の分析（2008）

図表Ⅱ-1　産業別職業経験年数と勤続年（職業中分類）

勤務年数と生産性の間に関係があるとすれば、経営者は食品製造業従事者の勤続年数がなぜ短くなってしまったのか真剣に考えてみる必要があるのではないだろうか。

　食品工場の中にはアルバイトなどのいわゆる非正規の短期間労働者を主力として、経験の浅い素人に近い集団で工場を稼働させている例が結構ある。今までに出会った食品企業経営者の中には「生産性を上げる必要はない、賃金の低い労働者を使えば良い」と豪語する経営者も少なからずいた。低賃金の労働者を使用することで人件費上昇を抑制し、それによって利益を確保しようという考え方なのであろう。その考え方は今後も通用するであろうか。実際多くの食品工場では従業員の確保や採用に悩んでいるのが現実である。

　低賃金の労働者とは即ち能力の低い労働者であり、そのために低賃金の労働者を使えば創造的な仕事を行ない難いだけでなく、定型的な仕事でさえ質が下がり、その産業は低い労働の質によって増々低生産性に陥っていかざるを得ないであろう。その結果充分な付加価値が確保できなくなり利益が減少する傾向になることは明らかである。そのような罠に食品製造業は陥っていないだろうか。

　企業が利益確保の目的で一人当たり付加価値額の増加、即ち生産性を向上するためには、作業者の経験や熟練度が高くなければならないことは明らかであろう。労働者の熟練度を上げるには、労働者にある程度の経験が必要なことはもちろんである。経営者の労働者の雇用に対する今までの根本的な考え違いが、食品製造業の生産性を低下させている部分が間違いなくある。捉え方によっては、経営者の考え方そのものが食品製造業の生産性を低下させてしまった原因の一つと言えなくもないのである。

　また図表Ⅱ-2によると食品製造業の労働の質は2000年から2004年までの間に、全産業中最高レベルの約1.2％上昇しているが労働生産性は逆に低下している。労働の質の絶対的指標の統計は見つからなかった

が、例え労働の質の変化率が多少上昇しても、他産業に比較した食品製造業の勤務年数の短さ等から推察されるように、食品製造業はおいてはわずかな労働の質の向上によって生産性向上が現れているわけではない。

別の資料でも食品企業の従業員教育に関する経費が増加しているようだが、その絶対額は他の産業と比較して極めて少ないという現実があり、教育経費の多少の伸びだけでは生産性を向上させることが難しい例であろう。なぜなら教育経費の変化率だけでなく他産業に比較した絶対額こそがより重要だからである。食品製造業の教育経費が残念ながら相当に低いことも生産性の低迷に関係していないとは言えないであろう。

食品製造業の生産性が低い原因として図表Ⅱ-3に見られるように、食品製造業の雇用形態は雇用が不安定な非正規社員の比率が極めて高

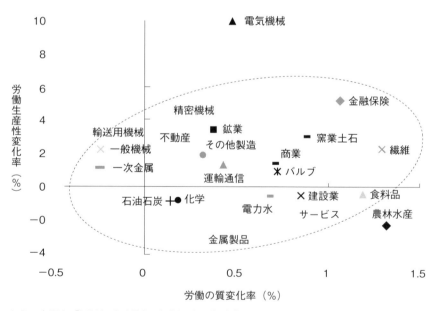

出典：内閣府『国民経済計算』、産業経済研究所『JIP2009データベース』

図表Ⅱ-2　産業別労働の質と労働生産性変化率（2000-04）

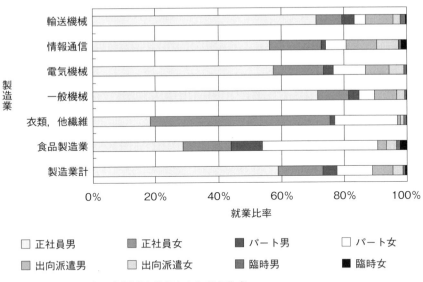

出典：工業統計 平成20年版「産業編」より著者作成

図表Ⅱ-3　製造業別雇用形態比率

く、中でも女性パート社員の比率が約37％にも及んでいることがその要因の一つと考えられる。正規社員に比較して多くの場合雇用条件の劣る非正規社員の勤務に対するモチベーション（やる気）が低く成りがちなことは一般的に否定ができないだろうから、正規社員比率の高い産業に比較して、食品製造業のように非正規社員中心の産業の生産性が上がらないのは当然であるとも言える。なぜなら不安定な雇用状態の労働者は仕事に対して高いモチベーションは持ちづらいであろうし、その低いモチベーションが仕事の生産性を低下させる可能性は大きいからである。

　食品製造業の労働生産性が向上しない原因として、労働条件の面から①非正規社員比率が高いために、正規社員の多い職場に比べモチベーションが低くなり勤務年数が短い。②企業が労働の質を考えた雇用をしていない：目先のコスト優先あるいは支払能力がない等の経済的理由

で、低賃金（労働の質が低い）雇用により労働者のモチベーションが低くなりがちである。③従業員が過去に受けた専門教育の内容や質を活かせていない（適材適所があいまい）。④仕事そのものが高度でない事が多い為に、高度な労働の質の労働者であってもその能力を活かしづらい。⑤全学部・全学科のような採用条件に見られるように、採用時に適性を生かせる採用をしていない等の理由が考えられる。

　食品企業の経営者に雇用時の採用基準を訊ねると、一つの例として著者の経験では「健康的で、声が大きく、根性がある」などの体力や根性重視の採用基準を異口同音に示す例が多く、受けた教育などの専門性を生かした社員の採用を行っている食品企業は比較的少ないと感じている。実際に食品企業のインターネットサイトの社員採用のページを見ても、採用対象が全学部・全学科となっている企業が多いように感じる。巨大企業ならもちろん幅広い属性の社員が必要であろうが、中小企業では採用できる人数も限られるのだから、欲しい人材が必ず採用できるとはもちろん限らないけれども、その時点での会社運営や今後必要であろう社員の属性を事前に定めて必要な属性の社員を採用すべきである。

　採用に際して社員の体力や人間性は当然重要であるが、採用に当たっては自社がどのような技量の社員を必要とし、採用候補者がどのような能力が持っているかを見極める必要があるはずだと思う。経営者が使い（御し）易さで社員を選ぶと、結果としてどうしても社員の能力は低下してしまう。昔から「手八丁口八丁」とも言うように、企業が成長する為には社員の体力的な条件と共に、考える力や知識や実行力が極めて重要であることを食品企業の経営者も是非とも考えて、できるだけ有能な社員を採用して頂きたいものだ。

低生産性の原因2　低い給与水準が生産性低下を招いた

　勤務年数の長さに影響する要因としては、本人の仕事に対する適性と組織内の人間関係、賃金などの雇用条件等がある。次の図表Ⅱ-4は製造業平均の出荷額／人・生産性（付加価値額／人）・コストである給与／人を100とした時の、自動車と食品のそれぞれの一人当たりの勤務上パーフォマンスである出荷額／人・生産性（付加価値額／人）・給与／人の対比を、戦後の1950年から近年まで示したものである。製造業の出荷額／人・付加価値額／人・給与／人等の数値については実際には変動しており、この図ではあくまでその時点の製造業全体の各指数を100とした時の、自動車と食品の相対的な比率として表されている。

　ここでわかることは第2次大戦後の1950年頃から1965年までは食品製造業の生産性は、製造業の平均と比較してそれほど劣っていなかったという事である。今ではほとんどの人が食品製造業は生産性が低いことは当たり前と認めているが、しかしながら食品製造業の生産性は50年余り前までは他の製造業と比較して今ほど低くなかったのである。その後1970年代半ば位までは他の製造業と比較して、食品製造業の生産性はせいぜい10％程度しか低くなかった。今のように30％も40％も低くなったのはその後の事で、バブル経済と言われた頃からなのである。自動車に代表される製造業では生産性や給与が増加し続けているにも関わらず、この頃から食品製造業の生産性は伸びることもなく停滞し続けていたために、労働者の平均給与を増額できなかったのである。

　自動車の生産性は製造業平均よりも20％程度の優位を保っているが、相対的な差は時間の経過によってほとんど広がっていない。製造業最大の従事者数の12％を雇用する食品製造業は、製造業の生産性の指数を明らかに下げているので、自動車の生産性と食品を除いた製造業と

の生産性の差はこの図ほど開いていないことになる。したがって食品製造業を除いた製造業平均の生産性の伸びは自動車ほどではなくとも、自動車製造業を追従する形で伸びていることになる。

ところが食品製造業の生産性は1974年を境に製造業平均レベルから直線的に低落し続けている。食品製造業と製造業の生産性に差が付いて

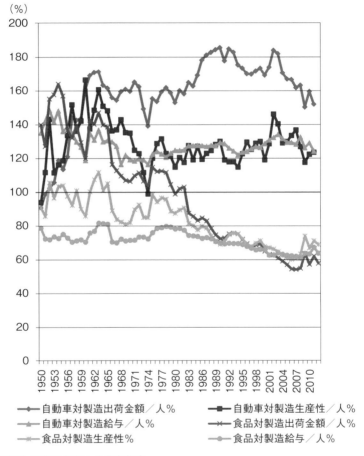

出典：工業統計 平成23年版より著者作成

図表Ⅱ-4　戦後の製造業を100とした時の自動車・食品の出荷額・付加価値・給与／人の比較

いっているのは、製造業の生産性はこの頃以降も伸び続けているにも関わらず、食品製造業の生産性の伸びが停滞しているからに他ならない。食品製造業の生産性が停滞している理由を探るには、他の製造業がこの頃から取り入れて実施し生産性向上の効果が認められているにも関わらず、食品製造業が実施できずに生産性を向上させられなかった事実に影響した要素は何であるかを探求する必要がある。

　もう一つ驚く事に自動車の給与／人は、製造業平均の生産性よりも低かった時代から製造業平均よりも40％も高かったことである。1967年頃には製造業との給与格差は縮まったが、その後も20〜30％くらいは製造業平均よりも高い状態が続いている。これは自動車産業が低生産性の時代から給与条件を高く設定しており、このことは自動車製造業の労働の質を高めることになった。自動車製造業はその高い労働の質によって、長期間にわたり高い生産性を維持することができたと理解すべきであろう。

　低い生産性の食品製造業はその大きな規模から製造業平均給与を統計上低下させており、実際リーマン・ショックから少し経過した東日本大震災の前年の2010年の時点で見ると、製造業平均の付加価値額／人は1183万円／人になっているが、食品製造業を除いた製造業平均の付加価値額／人は1253万円なので、食品製造業は製造業平均の付加価値額／人を約6％も低下させたことになる。製造業平均の給与427万円に対して食品製造業を除いた製造業平均給与は454万円となっており、こちらも食品製造業は約6％低下させてしまった。このように日本の食品製造業は生産性、平均給与額に関して日本の製造業の実力を残念なことに統計的に約6％も低下させているのである。

　食品製造業の給与／人は生産性が製造業の生産性と同等であった時期から、常に30％くらいは低い状態が現在まで続いている。製造業の給与水準を元に自動車と比べると製造業平均の上下60％の差がある。これでは食品製造業は質の高い（給与の高い）従業員を採用できないのは

残念ながら当然であろう。自動車製造業とは逆に食品製造業は一人当たり出荷額が製造業平均より高くかつ生産性も低くなかった頃から、当時の食品製造業は産業としての実力よりも低賃金で労働者を雇用して来たために、その結果労働の質が低下してしまったようである。それが今日の食品製造業の低生産性を招いてしまったと考えざるを得ない。食品製造業の労働の質が低い状態が長い間続いてしまった為に、食品製造業従事者の職務遂行能力を低下させてしまったのである。

　興味深いことには現在では生産性も一人当たり出荷額も給与水準と同様に、製造業平均から30〜40％低いレベルに収束してしまったのである。従業員の職務遂行能力と給与額との間にこのような関係が見られることから、食品製造業の低い労働の質が食品製造業の生産性低下の真の原因である可能性もある。

　このように自動車製造業と製造業平均の従業員の給与水準に比べ、食品製造業従業員の給与水準が低い理由は、オイルショック以降においても自動車製造業・製造業平均の生産性が増加傾向にあるのに対し、食品製造業の生産性が停滞していることが原因であろう。前述のように平均給与額と生産性には強い相関があることはわかっているので、食品製造業の従業員の給与水準を上げるには、食品製造業の生産性を向上させる以外の方法はないと思われる。また生産性を上げるには労働の質を上げる必要があり、そのためには平均給与を上げざるを得ない。このようにまるで鶏と卵の関係のようになっているので、労働の質と平均給与の両者を少しずつでも辛抱強く向上させるしか方法はないであろう。

低生産性の原因❸　不十分な従業員教育

　武田信玄の言葉とされる「人は城、人は石垣、人は堀」に示されるように組織にとって人心は極めて大切なものであり、もちろんこれは現在の企業にとっても同じであろう。また「習わぬ経は読めぬ」とも言われるが、教育は人を育てる上で大変重要なものである。

　当然、企業にとっても、生産性の向上にとっても、従業員の教育は極めて重要なのである。ところが前述のように食品製造業は平均給与等の勤務条件が他の製造業と比較して劣っているために、以前の人余りの時代ならいざ知らず現在の労働力不足の時代にあっては、多くの食品企業では優れた社員をますます採用しづらくなっているのが現実である。その現実にあっては社員の能力を上げるために入社後の社員教育は当然より重要になっている。社員教育といっても日々の仕事に追われる食品工場にあっては、現実には実行はなかなか難しいとの意見が聞こえてきそうであるが。

　日々の作業に忙殺されている現場においては、実際有効な従業員教育の実施はなかなか難しいものであるが、それではどのようにして従業員の教育を行うのであろうか。他の製造業で過去に成果を上げた有効な教育の一つの方法である小集団活動について調べてみたい。後で述べるように品質管理は専門技術者が行う技法としてのSQC（統計的品質管理）から、一般の作業者が行う全員参加の経営手法としてのTQCに移行していった。以前少数の専門家が実施していたSQCに対して、全員参加のTQCの実施は組織全員の能力を向上する必要があるので、組織全員の能力を向上するために組織の全メンバーで取り組む小集団活動が採用されたのである。

　小集団活動は職場改善を行いながら社員の能力向上を図ることができ

ることで、品質管理運動だけでなくこの小集団活動は忙しい職場であっても社員教育として有効に機能したのである。TQCにおける小集団活動は作業能率や手順改善などを目的として社員が全員で集団的に取り組む活動である。このような小集団活動にはQC（品質管理）におけるTQC活動の他に、JK（自主管理）、ZD（無欠点）、VA（価値分析）、VA（価値工学）等を目的とする種々の活動がある。このような小集団活動は、実際の作業を行いながら、業務の中で社員の能力を高めて行くことができるので、忙しい食品工場における人材教育には有効だと考えている。

「うちの社員教育はOJTです」と言っている経営者の企業の多くは、社員教育の実体がほとんどないことが多いようである。もちろんOJTは効果がないと言っているのではなく、何もしていないことを言い逃れるためにOJTで行っていると言い訳している例が多いと感じるからである。そのような職場では単なるOJT教育に職場単位で活動する小集団活動を採用してみるのもひとつの方法だと思う。

小集団活動の中で代表的なものに先に挙げたQCサークル活動があるが、これは1962年に日科技連により提唱された活動である。QCサークルとは「同じ職場で品質管理活動を自主的に行う小グループ」と定義されている。QCサークル活動の基本理念は「人間の能力を発揮し、無限の可能性を引き出す。人間性を尊重して生き甲斐のある明るい職場を作る。企業の体質改善・発展に寄与する」とされている。

かつてのテイラー主義では、明確に分けられていた現場作業と品質管理の役割分担の境界が、作業者のQCサークル活動への参加により取り除かれたのである。単なる作業者を品質管理の知識のあるより能力のある作業者に成長させることがこの活動により可能になった。

産業別のQCサークルへの取り組み状態を調べるために、産業別のQCサークル本部への登録数を調べて見た。食品製造業は製造業中最大の従業者数を抱えていながら、そのQCサークル登録数は極めて少ない

ことがわかった。もちろん本部への登録状態で産業別のQCサークルの活動状態が正確に評価できるわけではないが、一般的には本部に登録した上で活動しているサークルの活動の方が未登録のサークルより盛んに活動している可能性は高いと言えるであろう。QCサークル本部に登録し積極的に活動を行っているサークルは、自動車、電機、精密機械等の生産性の高い産業に多いが、食品製造業においては登録数の少なさから、活発に活動しているサークルは少ないと推察せざるを得ない。実際著者もコンサルティング中に食品企業の中で、盛んに活動しているQCサークルに遭遇したことはほとんどない。

産業によって従事する従業員数は異なるので産業別のQCサークル数の比較を容易にするために、産業規模を産業人口10万人当りのQCサークル数に換算して調整した。図表Ⅱ-5の上図には産業別に人口10万人当たりのQCサークル登録数を示した。下図には産業別の全要素生産性*を示した。この上下の図の傾向は似ていると感じられた方が多いのではないかと思う。完全な相関があるわけではないが、製造業の中でもQC活動の産業人口当たりの登録数が多く生産性の高い輸送機械、電気機械、精密機械の全要素生産性は高く、QCサークル活動の登録数が少なく比較的生産性の低い金属製品、繊維、食品製造業の全要素生産性は低いことがわかった。このようにQCサークルの登録数と全要素生産性の伸び率との間にはかなり高い相関があることが認められた。

食品製造業において生産性向上や品質向上を目指したQCサークル等の活動が低迷していることは、結果的に食品製造業の工場運営能力、管理能力等の全要素生産性に影響する組織機能の向上を阻害してきたのではないだろうか。このような小集団活動の低迷が食品製造業の生産性向上を阻み、他の製造業と比較して食品製造業の生産性が低い現状を作り

＊全要素生産性（TFP：Total Factor Productivity）：産出（付加価値など）を労働だけでなく全ての投入要素（労働・資本）で除したもの。絶対的水準（一人当たりの付加価値額等）ではなく、上昇率（変化率）であらわす。一般に広義の技術進歩を表す指標として利用される。

出した一つの要因ではないかと著者は考えている。即ち小集団活動を通じて組織の機能向上を実現できた産業は、全要素生産性向上を通じて生産性を向上している事から、QCサークルのような小集団活動は社員の能力を向上する教育としての効能を持っている事は間違いないと思われる。

こんな事例も！

職場で小集団活動と同時期に取り組まれた活動の一つに提案制度があ

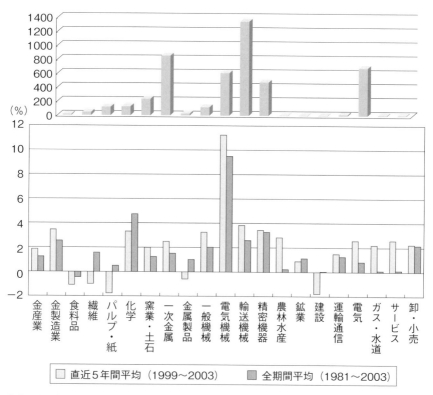

出典：谷口恒明：社会経済生産性本部「全要素生産性産業別比較」(2005) より作成

図表Ⅱ-5　産業別小集団活動と全要素生産性

る。提案制度は提案による製造方法の改善、職場環境改善やコストダウンなどの実利的成果を求める側面が一義的には期待されたけれども、提案制度によって職務を通じての従業員の課題発見能力や問題解決能力が身に付くだけでなく、提案用紙に書くことが必要になるので書類作成や文章能力、表現力などの社員の実務教育の効果の一面もあるはずだ。

産業別の提案制度への取り組みの違い調べるために、小集団活動が比較的盛んであった1980年の産業別の提案制度の実績を図表Ⅱ-6に挙げ

産 業	参加率(%)	提案件数/人	実施率(%)
建設	58.0	3.4	55.1
食品	48.0	1.7	23.1
繊維	48.8	1.6	85.1
紙パルプ	138.5	1.9	80.6
ガラス・土石	61.5	6.1	74.1
石油	12.0	0.9	1.2
化学	57.9	5.7	59.9
ゴム	86.9	19.2	76.6
鉄鋼・金属	61.0	13.7	79.1
一般機械	66.4	8.2	60.1
電気機械	89.1	31.0	81.5
輸送機器	79.8	22.9	76.6
精密機器	67.8	12.3	70.0
その他製造業	54.6	8.3	48.2

出典：明石芳彦：大阪市大「季刊経済研究」(1996)

図表Ⅱ-6　業種別提案実績（1980年）

てみた。従事者が極めて少ない典型的な装置型製造業である石油を除いて、食品製造業は参加率、提案件数／人、実施率とも、製造業の中で最も低調な産業であったようだ。特に提案実施率は石油に次いで他の製造業に比較して極めて低いことがわかる。即ち食品製造業は参加率が低いことからみて取り組んだ企業が少ない事がわかる上に、仮に制度的に提案制度を導入していても提案の実施率に見られるように、会社もしくは管理部門が行うべき実施率が低いことから、社員からの提案に会社が対応する責任を十分に果たしていなかったことが推察される。

　このような状況が当時の食品製造業における提案制度あるいは小集団活動の実態であったと思われる。TQC活動が全員参加の小集団活動によって支えられていた点を考えると、食品製造業におけるQC活動はたとえ実施されていたとしても、形式的で実効性が低かったと評価せざるを得ない。当時の食品製造業の提案制度の実態は単に活動や制度の成果だけではなく、社員教育の一つの手段を失ってしまったとも言えるのではないだろうか。

　実際、著者が数多くの食品工場を診断してきた経験に照らし合わせても、食品製造業においてこれらの活動は実感として極めて低調であったと言わざるを得ない。また提案制度と言うと従業員から知恵を如何に出させるかに躍起になり、提案制度を行う際に提案件数の増加のみに関心が集中しがちであるが、従業員に気付く力、考える力を付けるための教育的側面があるので、当時の食品製造業は提案制度をうまく活用して生産性の向上に必要な従業員の技術力や考え方及び管理能力アップを図るべきであった。

低生産性の原因 4　生産管理手法習得のチャンスを逃した

1　工場規模のメリットを活かしきれない大規模食品工場

　食品製造業の生産性が低い原因として長い間広く言われていたことは、食品製造業ではほとんど原材料が生物由来であるために、腐敗し易くかつ性質が不安定なために取扱いが難しく機械化もしづらいことに加えて、食品製造業は産業構造的に零細企業が多いために生産性が低くなったとされてきた。ところが前にも述べたように食品製造業の生産性は少なくとも50年程度前までは、他の製造業の生産性に遜色のない生産性であって、現在のように製造業平均の生産性の約60％しかない状態になったのはここ30、40年前からに過ぎないのである。実際生産性が今ほど低く無かった頃から、食品材料は生物由来がほとんどだったし、また当時大工場が多かったわけでもないので条件は現在とほとんど変わっていないのである。

　食品工場の従業員数規模の分布に関しても、食品工場が実際突出して零細企業比率が高いという事実はなく、図表Ⅱ-7～8に見られるように出荷金額構成比あるいは従業員数の構成比からみると、食品工場の中で従業員構成比の高い工場の従業員規模は実際50人以上～300人未満の中小規模の工場なのである。出荷金額の面からみれば食品製造業よりも電気機器製造業の方が零細工場の構成比率が高く、従業員規模の構成比から見れば一般機械製造業の方が零細工場構成比は高い。少なくとも食品工場従業員規模別構成の主体は零細工場ではない事だけは明らかである。

　したがって他の製造業に比べて食品製造業は零細規模の食品工場が多い為に生産性が低いという、間違った認識は早急に修正しなければならない。さらに食品製造業のもう一つの特徴は1,000人超の大食品工場が

極めて少ないことである。これに反して一般機械製造業では出荷金額の多くが1,000人超の大工場で生産されているが、零細企業の出荷額は少

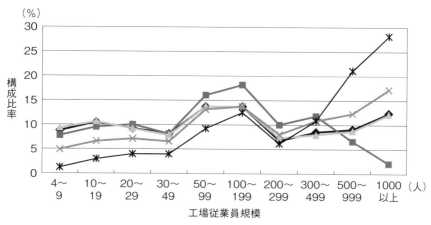

出典：工業統計表（2008）

図表Ⅱ-7　従業員規模別出荷額

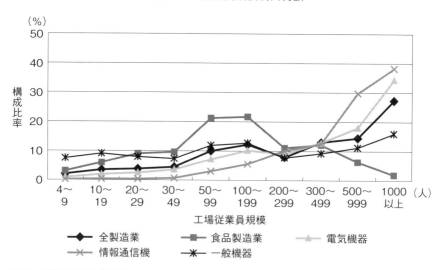

出典：工業統計表（2008）

図表Ⅱ-8　従業員規模別従業員構成比率

ないにも関わらず従業員数別構成比は高いので、食品製造業よりどちらかと言えば一般機械の方が零細工場の問題を抱えていると言えるはずである。また情報機器製造業や電気機器製造業においては、1,000人超の工場の比率が高く、主に大工場で生産されていることがわかる。

　ここで著者が製造業種別の従業員数工場規模比率に関心を持っている理由は次の点からである。工場規模は零細工場から大工場になるほど、図表Ⅱ-9に見られるように工場規模拡大に伴って一般的に生産性はほぼ直線的に向上している。食品工場でも他の製造業と同様に増大する傾向はあるにはあるがその傾斜は低い。製造業平均では1,000人超の大工場の生産性は、図表Ⅱ-9に見られるように零細工場の4倍以上もある。食品製造を除く電気機器、情報通信機、一般機械製造においても零細工場と大工場の間には3～4倍程度の生産性の差がある。

　ところが食品工場の場合は従業員数500人超あるいは1,000人超の工場の生産性は零細規模の工場に対して2倍程度の生産性しかない。なぜこのような現象が起きているのだろうか。ここに食品製造業の低生産性の最大の原因があるのではないかと著者は考えている。なぜ食品工場だけが工場規模の拡大に伴って、段階的な生産性向上が起きないのであろうか。

　通常工場規模が大きくなれば、作業者数だけでなく生産設備も大型化され、また設備や組織はよりシスティマティックになって生産性が向上するはずである。ところが食品工場の工場規模の増大による生産性向上の状況はどうであろうか。今まで零細工場が食品製造業の低生産性の原因にされてきたが、工場の従業員規模別の相対的な生産性を全製造業と対比している図表Ⅱ-10を見る限り、同じ規模同士で相対的に最も劣っている食品工場の規模は1,000人以上の工場であり、従業員数300～499人、500～999人規模の食品工場が続いている。即ち食品工場に関しては大規模工場の生産性が他の製造業の同規模の工場より相対的に大きく劣っていることになり、食品製造業と他の製造業との生産性の差の主な

原因は食品大規模工場の相対的な低生産性にあると言わざるを得なくなる。

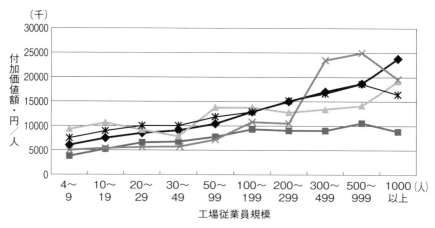

出典：工業統計表（2008）

図表Ⅱ-9　従業員規模別生産性

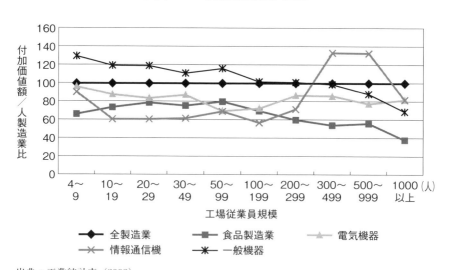

出典：工業統計表（2008）

図表Ⅱ-10 製造業を100とした生産性

今まで言われてきたように、もしも零細工場が多いことが食品製造業の低生産性の原因であるとの考えで様々な政策が行われていたとすれば、そのような政策によって食品製造業の生産性が向上しなかったのは当然であるとも言える。大工場は中小工場に比較して一般的に生産設備・人材・購買力などが増強されていく傾向にあるなら、食品製造業の零細工場と大工場の生産性比が2倍程度しかない事実は全く奇妙で、大規模食品工場では一般的に所有しているはずの大規模工場の生産機能の優位性を活かしていないことになる。

なぜ人材的にも恵まれているはずの食品大工場にそのような事が起きているのかと考えるに、その原因は食品工場に組織資産としての生産管理技術＊と生産に対する合理的な考え方が不足しているためではないかと著者は推察している。工場規模の拡大に伴って食品工場の生産性はなぜ向上していないのであろうか、その原因をなんとしても解明しなくてはならないのである。

食品工場は零細規模の工場が多い為に食品製造業の生産性が低いという今までの思い込みは撤回し、食品工場の工場規模と生産性との関係についての再度検証を行う必要がある。その結果得られた正しい理解を元に食品製造業の生産性向上を論ずる必要があると考えている。なぜなら工場は単に規模を拡大すればそれに連動して自動的に生産性が向上するわけではなく、工場規模の拡大に伴ってより複雑になる生産環境に対応するために、工場の生産管理能力を当然増強しなければならないからである。

＊食品工場の生産管理技術については拙著「食品工場の生産管理」日刊工業新聞社（2011）、「食品工場の工程管理」日刊工業新聞社（2013）を参照のこと

低生産性の原因5　生産管理技術習得の機会喪失

　ところで他の製造業と同等だったかつての食品製造業の生産性はどうしてこのように最近の数十年で低下したのだろうか。食品工場の工場規模の拡大に比例する生産性向上の増加率が他の製造業に対して著しく低いことは、大規模食品工場の生産管理運営能力が不十分なためであるとしたら、食品製造業の生産性向上のためには、大規模食品工場の生産管理能力をどうしても増強をしなければならないはずである。それでは食品製造業は他の製造業のようにこれまで生産管理技術の習得がなぜできなかったのであろうか。

　図表Ⅱ-11の製造業を100とした時の、自動車・食品の出荷額・付加価値・給与／人の比較に見られるように、戦後から1965年頃までの間は食品製造業の生産性は製造業の平均と比べてほとんど遜色はなかったのだが、1965年頃から食品製造業の生産性は製造業平均の生産性に比べて波打ちながらも徐々に低下してしまった。

　ところがこの図をよく見ると食品製造業の生産性は、製造業平均の生産性に対して1955年頃から数年にわたって低下しているが、逆に自動車製造業の生産性はこの間に急速に伸びている事がわかる。続いて1967年頃から数年間製造業の生産性に対して食品製造業の生産性は低下していったが、同じ時期に製造業の生産性と自動車製造業の生産性の差は、劇的に少なくなり1974年頃にはほぼ同程度になっているのである。

　その後1978年頃からは食品製造業の生産性は製造業平均の生産性に比べて急速に低下していき、現在のように製造業平均の生産性の約60％の水準にまで低下してしまった。ところがその間も製造業と自動車製造業の生産性の差は20％程度でほぼ同じ水準を保っているのである。

同じ期間の製造業・自動車・食品出荷額・付加価値・給与／人を対数軸で表した図表Ⅱ-12で比べてみると食品製造業の生産性は製造業平均

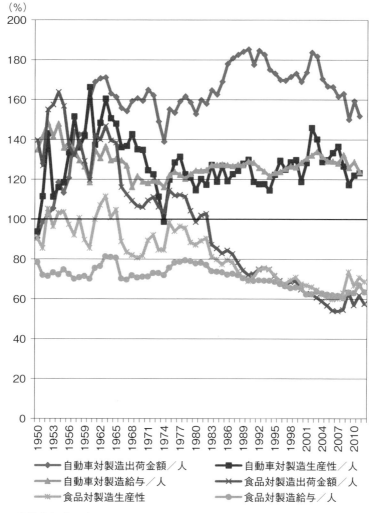

出典：工業統計表（2008）

図表Ⅱ-11　戦後製造業を100とした時の自動車・食品の出荷額・付加価値・給与／人の比較

に遜色のない1950年頃から、自動車製造業あるいは製造業と比較して2回ほど段階的に生産性が低下して行ったことがこの図からも読み取れる。

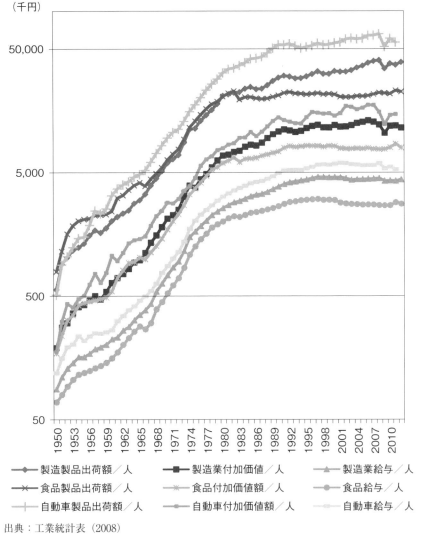

出典：工業統計表（2008）

図表Ⅱ-12　製造業・自動車・食品出荷額・付加価値・給与／人　対数軸

(1) 昭和の遣唐使

　食品製造業の生産性は図表Ⅱ-12に見られるように戦後2回段階的に製造業平均に比べて低下したが、その生産性低下の原因は食品製造業が生産管理手法の習得のチャンスを2度逃した事が原因であった可能性が高いと考えている。一つ目の生産性低下の原因は日本生産性本部が実施した昭和の遣唐使と呼ばれる、戦後の生産性向上のムーブメントに食品製造業が乗ることができなかったことではないかと考えている。

　第2次大戦直後の混乱期であった昭和20年代初めには、日本は極端な外貨不足であったために輸出振興が政府の大きな政策課題であった。しかも当時の大企業の設備の多くは老朽化しており、それらの工場の近代化が急務であった。鉄鋼・石油・機械などの日本の経済を担う基幹産業の設備更新のための合理化、近代化を目的として、昭和27年（1952）に企業合理化促進法が制定された。ところが当時はそのためには必要な設備・機械の多くは輸入しなければならなかった。その設備等の調達資金に中小企業を主体とした軽工業が稼ぐ外貨を基幹産業に投入する必要があったのである。

　ところがこの頃の主要なマーケットであるアメリカでは日本の軽工業が生産する雑貨等は「安かろう、悪かろう」と批判をされていた。政府はこの事態を改善するために輸出品の品質、意匠のコピーなどに対して厳しい輸出前チェックを開始した。輸出検査と連動して工業標準法でも検査方法の規格が決められ、国内市場に対してはJISマークの制度が導入された。このような努力の結果、日本の日用雑貨品の品質はそれまでに比較して格段に向上したのである。

　その頃生産性向上の動きが起こり、日米生産性増強委員会が設立された。当時の通商産業省（通産省）は同協議会に対して官民協力による運動の推進を申し入れ、我が国の「生産性向上運動」の実施主体として、1955（昭和30）年3月に日本生産性本部が設立された。創立当初の生産性本部の最も重要な活動は、昭和の遣唐使と呼ばれた生産性向上に関

する海外視察団の派遣（昭和の遣唐使と呼ばれる）、あるいは海外からの専門家の招聘であることは周知の事実だった。この２つの事業はアメリカの経営管理方式を積極的に日本の産業界に導入することが目的であった。最初の視察団は、1955年に渡米した「トップ・マネジメント」視察団、続いて「電機工業生産性」視察団、「鉄鋼業」視察団、「経営管理向上」視察団で、それ以降も「自動車部品工業」、「靴生産性」などを対象とする多種多様な視察団が次々と派遣されていった。

　生産の伸びが縮小していた1955年度末（56年１〜３月）に、昭和の遣唐使として自動車部品工業の視察団がアメリカに送られたが、早い時期に派遣された自動車部品工場の意義は極めて大きかった。自動車産業のように多種多様の材料・部品を必要とする組立型産業では最終組み立ての大企業だけでは産業構造を維持できず、部品を供給する中小企業の生産能力の底上げが必要であり、従業員を海外に独自に派遣できない中小企業にとって、この海外派遣制度は品質向上や生産性向上の大きな助けになったのである。

　実際次の図表Ⅱ-13に見られるように、自動車部品の海外派遣の直後の56-57年には輸送機械製造業の生産性が急激に向上している。自動車製造のようにすそ野の広い製造業は部品供給を行う関連産業の発達があってこそ成立するので、海外派遣団実施の後に輸送機製造の生産性が直ちに向上している事実は、海外派遣事業の成果と見るのは素直な見方であろう。

　食品製造業と製造業の生産性は50年代までは同等であったが、その後食品製造業以外の多くの製造業の生産性が継続して向上して行ったにも関わらず、海外派遣団に無縁であった食品製造業の生産性向上は58年頃から取り残されていった。50年代は食品製造業の出荷額／人はずば抜けて高く、これに比較すると輸送機の生産性は製造業平均よりも低く、生産性に関しては食品製造業、輸送機製造業、製造業平均ともほぼ同等で優劣は見られなかった。

しかし給与／人については、輸送機製造業は生産性や生産額が低迷している時期でも給与水準が高く、食品製造業は生産額・生産性／人のいずれも低くないにも関わらず、当時から低賃金であったことがわかる。

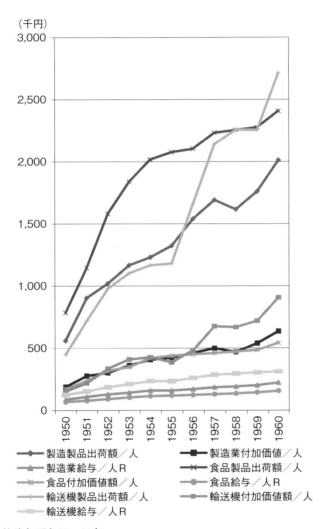

出典：工業統計表 昭和25〜30年

図表Ⅱ-13　製造業・食品・輸送機の出荷額・生産性・給与／人の比較（1950－1960）

しかも給与格差は時間経過と共に広がっていった。昭和の遣唐使による生産性の向上の効果と共にこの賃金格差がその後の産業ごとの従事者の労働の質に差を生じ、産業ごとの従事者の能力に差をつけ、その後の産業の生産性向上に影響を与えたことは容易に想像できる。

　海外派遣使節団は1955年から2008年まで延べ3万人を超え、主に製造業の経営者や技術専門家が欧米を中心に派遣された。1961年には海外使節団の派遣に対するアメリカの援助は終了したが派遣事業はその後も継続された。期間中の1991年が最盛期でこの年は1,500人以上が派遣された。この間に約2万人近くの経営者がアメリカの企業経営の実態を視察したことは、日本の経営者の考え方に相当な影響を与えたと考えるのが自然な見方であろう。研修の対象項目の中でも「生産管理」に関する参加者の評価が大変に高いことからも、自動車産業をはじめとして多くの製造業の生産性向上に、昭和の遣唐使が大きく貢献していることは間違いないと考えている。

　ところがこのような海外視察団派遣のムーブメントから食品製造業は残念ながら外れていたようだ。戦前から食品製造業の規模は出荷額・従業者数とも大きかったが、食品企業からの海外使節団への参加者が極めて少なかった事実がある。昭和の遣唐使に関する数多くの文献の中に食品企業の名前は少ない。多くの企業が生産管理手法の学習が大いに参考になったと答えている事実から見て、食品製造企業の海外派遣団への参加が少なかったことは、食品製造業のその後の生産性向上に全く影響がなかったとは考えにくい。

　特に昭和の遣唐使は経営者と上級管理職を対象としていたために、食品製造業の参加が少なかったことは、食品製造業の経営者や上級管理職に必要な知識や意識の改革ができず、これが生産性の低迷の原因になったのであろう。このように昭和の遣唐使に参加が少なかったことは、食品製造業の現在に続く低生産性を決定づけた要因の一つであることは間違いないであろうと考えている。

(2) トヨタ生産方式

　食品製造業が生産管理技術を学ぶ機会を逸したもう一つはトヨタ生産方式をはじめとする新しい方式の導入ができなかったことだと考えている。図表Ⅱ-11や図表Ⅱ-12に見られるように自動車製造業の生産性は1950年代後半から約20年間製造業平均に対して優位であったが、1970年代の前半には日本経済はドルショックやオイルショックに見舞われ、製造業平均に比較しての自動車製造業の生産性の優位性は消失してしまった。ところが1970年半ばに入ると自動車製造業の生産性は急速に製造業平均の生産性に対して伸長し、一時は約30％の差をつけるまでになった。

　この頃は折しもトヨタ生産方式の評価が急に高まった頃で、大野耐一著「トヨタ生産方式」の初版が発行され、トヨタ生産方式の内容が公になった時期に相当する。この本が出版されたことでトヨタ生産方式の考え方は広く他の製造業に広まることになった。トヨタ生産方式が広く多くの製造業に広まることで、製造業平均の生産性も自動車製造業に追従するように向上していき、両者の生産性の差は20～30％はあったものの、その差はバブルが崩壊する2000年頃まではそれ以上広がらなかった。

　多くの企業がトヨタ生産方式に取り組んでいった中で、統計的に確証があるわけではないが、著者が多くの食品企業をコンサルティングした経験、あるいは書籍やインターネット情報の検索の結果から判断して、食品製造業の中で本格的にトヨタ生産方式に取り組んだ食品企業は極めて少ないと考えている。もちろんつまみ食い的に取り組んだ企業は多少あるとは思うがコンサルティング中にそのような痕跡を感じることはほとんどないので、食品製造企業でトヨタ生産方式に本格的に取り組んだ企業は極めて少ないものと判断している。トヨタ生産方式に取り組んだ企業が少ないことが、食品製造業の生産性が他の製造業の生産性向上に遅れをとった極めて大きな原因ではないかと考えている。

昭和の遺唐使への参加については外的要因によって阻まれたとも言えなくもないが、トヨタ生産方式など経営工学への取り組みについてはそれを阻む外的な要因は特に無く食品業界や経営者の考え方や理解力等の食品製造業内部の要因であると考えざるを得ない。しかし昭和の遺唐使への参加に恵まれなかった食品企業の経営者に、昭和の遺唐使で得るべき考え方や理解力ができなかった可能性は十分にあったと考えざるを得ない。多くの製造業は先の昭和の遺唐使あるいはトヨタ生産方式に取り組むことで生産管理についてのノウハウを吸収することができたが、いずれのチャンスにも恵まれなかった食品製造業では生産管理技術を吸収することができなかったのである。これらが災いして食品製造業の現在の低生産性につながったものと著者は考えている。

第Ⅱ章　食品製造業の生産性を低迷させた原因

低生産性の原因❻　他産業と差がついた生産管理技術

　それでは食品製造業が会得できなかった生産管理技術とはどのようなものであろうか。図表Ⅱ-14で中小規模の水産加工場と*TPS（トヨタ生産システム）を活用している電機工場の*PCB組み立てライン（上図、注：通路の背広姿の男性は見学者）とを比較してみる。どちらの生産現場もコンベアが設置してあり、作業者が整列して作業を行っている点は同じであるが、生産管理上の実態は全く異なっている。次に掲げる点が両者の工場の生産性の差を作っているのではないだろうか。

> **こんな事例も！**

　最も大きく異なる主な相違点を挙げると、
①図表Ⅱ-14の電機工場では作業者は作業の流れにしたがって分業で作業を行っているが、下の水産工場では全ての作業者は個人完結型の全く同じ作業を行っており、個々の作業者は単に同じ空間（作業場）に存在しているだけで作業上の相互の連係はないのである。相互の連係がないから作業者は何時でも持ち場を離れることできるし、実際作業者は思うままに持ち場を離れて移動している。この写真でも持ち場を離れている作業者が見られる。
②二つ目は上の工場では所定のタクトタイム（各作業工程が同期して作動する時間間隔）にしたがって、コンベアにより作業速度を決め標準化された作業をしているが、下図ではコンベアは単なる運搬手段に利用しているに過ぎず、各自断続的な作業を思い思いの速度で行っている。
③上図のコンベアは強制駆動で作業者の判断でコンベア速度を勝手変えることはできない、作業者はコンベアの速度にしたがって生産を行う

ことになり、コンベア速度はライン長のみが変えることができるのである。

④上図では作業者前方上部にある標準作業指示書にしたがって、標準化された作業を行っているが、下図では標準作業は決められておらず作業者は思い思いの方法で作業をしている。作業者は自由ではあるが効率は低い。

⑤上図の工場ではあんどん方式*（自働化の考え）が導入されている。作業者の頭上のランプがラインの問題を顕在化するいわゆるあんどんである。

⑥電機工場のこのラインでは生産上の問題があれば、作業者により自働的（問題が発生すれば自ら停止させる）にラインを止める仕組みができている。即ち問題が発生したらラインは止めなければならない。問題発生の状態のままで作業を継続することはできないのである。

⑦ラインのストップ回数、箇所、時間、原因は記録されて、ラインの問題解析にその記録は活用され、継続的に緊急度の高い箇所からラインの改善が行われている。

⑧多くの食品工場ではできるだけラインを停止させないように、低い達成意欲で無難な作業を行っているが、この電機工場では所定の時間ストップをすることを前提としてラインを稼働させている。ラインストップはラインにおける問題の顕在化であり、問題の顕在化は改善につながる宝なのでラインストップは必要なのである。

⑨通路の奥の頭上に時計（ストップ時計）付の箱状の生産管理盤が見られるが、これに生産予定台数・時間計画台数・時間生産台数が表示され、予定と実績が管理されている。これは問題が見える化される仕組みであり、ラインバランスの崩れなどの問題が常にこの仕組みによって修正される。

⑩通路は明確に示されており運搬は行ない易く、部品の供給は自動搬送車でかんばんの指示に基づいて運ばれて来る。

⑪左側のラインに白い作業着と異なった濃い色の作業着を着た作業者が見える。これは品質管理のスタッフである。品質管理担当者は品質管理室で勤務するのではなく、日頃から現場でラインパトロールを実施し、現場における作り込む品質を実践している。

図表Ⅱ-14　電機基板工場（上）と水産加工場（下）

このように二つの工場の生産の運営管理には大きな相違があり、二つの工場のこれらの違いの要点が食品工場とトヨタ生産方式を導入しているその他の工場の生産性の違いの原因になっている。すなわちその違いはそれらの工場に生産性を向上させる仕組みがあるか否かという点である。特に自動車工場などでは意図的に若干の負荷を掛けて問題を顕在化させ、その問題を解決（改善）することによって生産性を向上していくのに対して、食品工場ではなるべく問題が発生しないようにして工場を運用している事が、食品工場の生産性を停滞させている最大の原因だと著者は考えている。

　問題の顕在化こそ「工場は宝の山」（問題こそが工場の宝だ）と考えるトヨタ生産方式の真骨頂だとも言える。だからこそ「問題がないのが最大の問題」とも言えるのである。例えば多くの食品工場では生産の終了時間を設定し、その時間までに終われば良とする考え方である。これでは問題が顕在化しないので現れない問題の解決はできず、当然生産性が改善する事はあり得ない。それどころか予定時間内に生産を終了するために、恣意的に確実に達成できる甘い生産予定時間を設定しているのである。

　これでは生産性が向上するどころか、停滞あるいは低下する危険すらある。著者の経験から見れば確実に実行できる予定を立て、その予定を守るような運営がされている食品工場は多い。残念ながらほとんどの食品工場でこのような運営がされていると言っても過言ではない。その上に計画はおろかその甘い予定すらもない、成り行き任せの無計画な食品工場も多く存在するのが現実である。

＊TPS：トヨタ生産方式のこと、ムダを極力排除することに力点が置かれている。
＊PCB：プリント電気回路基板
＊タクトタイム：全工程の作業者が同時に着手し終了する間隔のこと
＊あんどん方式：各工程の状況をランプで示し、一目でわかるように工夫した工程管理方法
＊トヨタ生産方式：トヨタ生産方式については拙著「食品工場のトヨタ生産方式」を参照のこと

低生産性の原因 7　品質管理に対する無理解

1　品質管理手法導入の取り組みから外れた食品製造業

　終戦直後の日本の工業製品は「安かろう、悪かろう」の代名詞とも言わざるを得ない状態であった。戦後日本の通信機器は品質不良と品質のバラツキが大きかったので、この状態を改善するため1946年にGHQの民間通信局（CCS）が電気通信工業界を指導したことによって品質管理の普及は始まった。CCSは通信機メーカーの首脳を対象にセミナーを開催した。この頃の品質管理は統計的品質管理（SQC）と呼ばれる手法で、シューハートの「工業製品の経済的品質管理」を元にしたものであった。

　（財）日本科学技術連盟（1946年設立）は1950年にデミング（W.E.Deming）を招請しSQCに関するセミナーを開催した。デミング流のSQCの着眼点は①設計（目的にかなった計画）、②製造（合理的な実施）、③検査（結果のチェック）、④改良（必要な処理）の生産のサイクル化を力説するものであった。今日これは計画（P）、実施（D）、検討（C）、処置（A）のPDCAサイクルと呼ばれている。同年雑誌「品質管理」が日科技連より発行され、翌51年には第1回デミング賞受賞記念品質管理大会が開催された。

　デミングの講義は統計的品質管理で製造工程における解析や管理が中心であったが、1954年に招請されたジュラン（J.M.Juran）の講義は品質管理の実施法を核としたグループ討議で、品質を中心とした経営管理活動が強調された。

　このようにして日本企業はSQCを早期に修得し、1958年頃には製造現場管理から設計品質管理へと変質し、設計、工程での品質の作り込みを行うようになった。1962年からQCサークル活動が提唱され活動が開

始された。日本でも当初不良を除去するための検査が導入されたが、バラツキやハズレが発生する原因を解明し解決するには検査重視だけでは不足なので、品質改善のために「品質を生産段階で作り込む」対策が行われるようになったのである。

このように「常に変化し、ますます厳しくなる顧客の要求」に対応するために品質管理に対する経営的アプローチが広まり、設計段階あるいは製造段階で品質を作り込むこと、即ち生産の出発点から顧客関連情報と市場調査に配慮することを重視するようになった。こうして新製品の企画、設計、開発段階から品質管理するようになり、品質管理で重視する段階も①検査、②工程管理、③新製品開発へと遡っていった。

市場の変化の中で関連するあらゆる部門の全従業員が参加する品質管理の必要性が強調されるようになっていった。この段階で品質管理は技法としてのSQCから経営手法としてのTQCに移行したと考えられている。TQCの提唱者ファイゲンバウム（F.Feigenbaum）も顧客満足や全部門での品質管理の実施を唱えてはいたが、依然としてスタッフを中心とした専門家管理を想定していた。

しかし日本においてはスタッフ中心では機能分担意識が強くなると考え、全社的かつ全員参加型活動が重視された。このような広く製造業で取り組まれた品質管理修得活動からも残念ながら食品製造業は取り残された。そのことがその後の食品製造業の統計的品質管理への理解の低さと、その低さが原因となり食品製造業の低生産性につながっているのではないだろうか。

戦後日本の品質管理習得のムーブメントの中で、食品製造業が正しい品質管理の理解と導入にどれほど取り組んできたかは大きな疑念がある。その上食品製造業には本来の品質管理の考え方が今でも正しく理解されていないと感じる。今から40年程前の経験であるが食品系の大学教育において品質管理は正しく教育されてなかったように思う。当時学生だった著者は授業で品質管理と食品衛生学の授業内容の違いが理解で

きなかったことを記憶している。それは著者だけではなかったかもしれない。そのためか現在でも食品製造業では品質管理を正しく認識している食品企業は少ないと思う。

著者の周囲の教育関係者に最近の状態を聞くと、今でもその実態はあまり変わっていないようだ。食品系の学校では品質管理を理解し正しく教えることができる教員は少ないのではないだろうか。実際書店に並ぶ食品に関わる品質管理の多くの本は実質的にほとんど食品衛生だし、これらの本には「統計的品質管理」も「作り込む品質」、「QC手法」等の本来の品質管理の記述もほとんどない。品質管理という授業科目名で事実上は食品衛生を教えている学校は現在でも結構多いのではないだろうか。微生物検査と異物混入への対応が品質管理部門の主たる業務だと考えている、品質管理担当者や食品企業経営者は今でも少なくないのではないか。

2 食品安全に忙殺される食品工場の品質管理

確かに食品の品質で最も大切な品質は安全であるかもしれないが、安全は最低限の当たり前品質である。本来の品質管理が統計的品質管理をもとに発展してきた事実と、品質管理のJISにおける定義が「買手の要求に合った品質の品物又はサービスを経済的に作り出すための手段の体系（Z8101）」であることを考えると、食品業界に正しい品質管理が理解されてないことは、食品工場の生産性向上に極めて大きな負の影響があったのではないだろうか。

こんな事例も！

次の図表Ⅱ-15上図は食品企業によくある品質保証に関する考え方で微生物検査など検査が主体の品質保証である。これに対して下図はラインパトロールなど生産中の作り込む品質を重視した考え方である。現在でも食品企業では品質管理という名の出荷検査（大半は異物混入検査と

細菌検査）を行っている企業が大半である。食品企業に正しい品質管理の理解を促すことこそ、食品製造企業の生産性を向上するために絶対的に必要な条件だと著者は考えている。

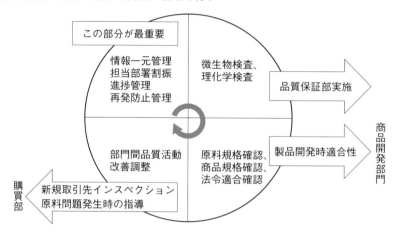

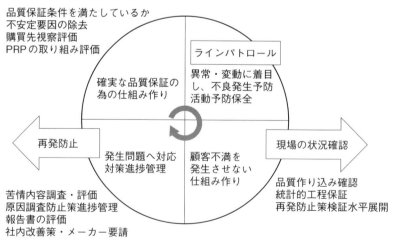

図表Ⅱ-15　食品企業の品質保証に対する典型的従来案と改善案

多くの食品工場において品質管理部門にコスト意識が欠如していることが、生産性を低下させている原因の一つになっていると思う。例えば所要時間を無視した従業員の工場への入場の衛生シーケンスである。大抵の工場ではまず1〜2分の粘着テープ（コロコロ）による付着毛の除去除塵、1〜2分の手洗い、1分程度のエアーシャワーに加えて、より厳密な工場では再度のコロコロを行う。これらを合計すると5分以上は要す。通常作業者は朝と昼食後に加えて午前と午後に1回ずつ休憩を取ることが多いので計1日に4回くらいは工場に入場することになる。そうすると1日一人当たり20分以上の入場のための時間が必要になる。実際にはもっと時間を要している工場も多い。1分のP（労務）コストを20円とすると、作業者が入場を繰り返すことで1日400円掛かることになる。工場が年間300日稼働すると入場するだけで12万円の経費が掛かることになる。作業者が1000人或は500人で2直の食品工場では1.2億円の入場経費が掛かることになる。

しかも異物混入などのトラブルが発生するたびにバイヤーとの協議で新たな工場入場食品衛生シーケンスの追加がされ増々コストは増えているのが現実である。また工場に入る作業者を監視するために要員がいる工場もある。作業者が工場に入場することすら大きなコストなのである。これはその他の製造業にはほとんどないコストである。そしてそのコストは最終的には間違いなく商品価格に含まれているのである。

仮に今の入場シーケンス時間を10倍すれば異物混入は1/10になるだろうか。例えば毛髪の混入防止に対しては絶対にと言っていいほど入場シーケンス所要時間に比例しないだろう。例えば毛髪の混入を防ぐ確実な方法は作業者のすべての体毛を脱毛するか剃るのが良いであろう、髪毛はもちろんまつ毛も眉毛も体毛も陰毛も除くと確実かもしれない。それなら毛髪の混入は起こらないはずである。しかし人間として従業員にそのような要求できるのだろうか、もし行ったとしてそんな会社に誰が務めるのだろうか。もちろん毛髪の混入はない方が良いのに決まってい

るが限度がある。その限度を勘案して対処しなければ対処は自己満足に過ぎず、その上大きなコストが掛かってしまうだけである。もしも異物混入防止が絶対的な条件であるとすれば屋上屋を重ねるような方法ではなく、抜本的、本質的な方策を考える必要があるはずだ。

　伝え聞くところでは食品工場に対して1回の入場に10分以上の食品衛生の為の入場シーケンスを要求している流通企業があると聞き及んでいる。それが真に価値のあるものであればそれはそれで良いのだが、売り手と買い手のパワーバランスの上に成立した、買手を納得させるためのものであったらまさに無用の長物である。実際現場には意味のないこのような取り決めがいくつもあるように思う。もしもより追加の管理が必要であったとしても、できるだけ生産活動に負担を掛けず生産性を低下させないように、かつ経済的な効果あるやり方を品質管理部門は考えるべきである。

　現在でも、低い日本の食品製造業の生産性であるが、過剰の食品衛生入場シーケンスに要する時間が食品工場の生産性を数パーセントは低下させているのではないかと危惧している。このような入場シーケンスにおいて必要欠くべからずのものと過剰のものを峻別する必要があるのではなかろうか。必要以上の過剰な管理は過剰の経費を発生させ最終的には消費者の負担になってしまうからである。

　最新の技術と最高の能力とお金をかけた宇宙ロケットの発射でも失敗することがあるように人間の行うことは完全ではない。食品の品質、例えば毛髪の混入に関して品質管理の不良率の概念の欠如が、現在のような非合理的な状況を生み出していると思う。もしも完全（不良率０％）が可能であれば品質管理は不必要である。不完全だからこそ統計学の上に成立している品質管理が必要なのである。

　実際日本の食品事故による死亡者はO-157のような大きな事件がない限りは、ほとんどの年は年間一桁で少ない年は死亡者０の時もある。正しい品質管理の考え方でコストが掛からない管理を行わないと社会的

には損失だと思う。現在の食品事故に対する日本の食品関連企業の取り組みは感情的過ぎると感じる。もともと日本人の潔癖症の気質が根底にあるのだとは思うが、冷静な安全管理と合理的な品質管理的な判断こそ食品製造業には必要なのではないだろうか。

アメリカや欧州諸国の食品工場をこれまで数十工場見学してきたが、それらの工場は日本の食品工場に比べて異物混入に対して例えば作業着に関してはもう少しおおらかであるように思う。もちろん食中毒のような生命の危険が生じる問題に関しては厳密な管理が必要だとは思うが、食品安全上それほど危険ではない例えば毛髪などの異物混入に関してはもう少し緩やかであっても良いのではないだろうか。もちろんこれには国民的なコンセンサスが必要であると思うが、ヨーロッパの食品企業経営者に聞いたところでは異物混入事故に対する対応は日本よりもう少し柔軟な感じがした。

こんな事例も！

図表Ⅱ-16は先進国の欧州のパン工場の作業風景である。欧州は日本のような大規模パン工場は少なく、ここに挙げた工場の作業風景は中堅どころのベーカリーの作業風景である。これら写真は全て異なった工場であるあるが、これらに比べると日本の作業者（下段右側）はまるで手術でもするかのような装備である。もちろん工場入場する際の決め事も全く異なっている。欧州の工場もいずれは日本のようになるのであろうか。見方を変えれば日本の食品工場の労働者は過酷な環境での作業を強いられているとも言える。

*食品工場における品質管理については拙著「食品工場の品質管理」日刊工業新聞社（2012）を参照のこと

図表Ⅱ-16 欧州の食品工場の作業風景 (下右日本の食品工場の作業風景)

低生産性の原因 8　間違ったIT投資

　企業にとってIT活用は経営効率化、競争力強化に効果的な事は広く認められており、多くの製造企業は多額のIT投資を行っている。また食品製造業（食料品、飲料・たばこ・飼料製造業）の売上高に対するIT予算比率は1％余りで、製造業の中でIT投資比率が特に低いわけではない。

　食品製造業のIT投資比率が相対的に低くないにも関わらず、残念ながら食品製造業のIT活用の水準は高いとは言い難い。店頭公開及び株式上場製造企業を対象にしたアンケート調査によると、製造業全体の企業が重視しているIT投資分野は、「生産」が25.1％で最も高く、次いで「会計・経理」の24.6％、「営業」の19.0％、「研究開発」の11.2％、「物流」の6.3％、「調達」の4.1％の順になっている。多くの製造企業におけるIT投資は生産分野と会計・経理分野に重点的に行われていることがわかる。

　食品製造業のIT投資状況を確かめるために、産業（主要製造業）別の投資分野の比較を図表Ⅱ-17に示した。図中の太線が食品製造業だが、食品製造業の生産に関するIT投資は繊維の0％に次いで化学と共に製造業の中で最も低いレベルである。生産へのIT利用が低いことも食品製造業の特徴であり低生産性の原因の一つであろう。

　食品製造業における生産へのIT利用の低さは工場規模拡大と生産性向上との低い相関に表れているとも考えられる。即ち工場規模が大きくなれば生産に関する情報が多くなり、その情報処理に要するワークも増加するのは当然であるから情報処理にIT活用が必要になるはずだ。食品工場の場合IT活用が遅れている為に情報処理が速やかに合理的に行われず、大規模工場の生産性が相対的に向上していないのではなかろう

か。生産に関するIT投資比率の高い産業は、機械をはじめとして非鉄金属、精密機械、電気機器等が上げられている。これらの産業はいずれも相対的にIT投資比率の低い製造業と比べて生産性が高い製造業である。

会計・経理に関するIT投資比率の高い産業としては化学、食品、窯業、繊維がみられるが、これらはいずれも生産に関するIT投資比率が

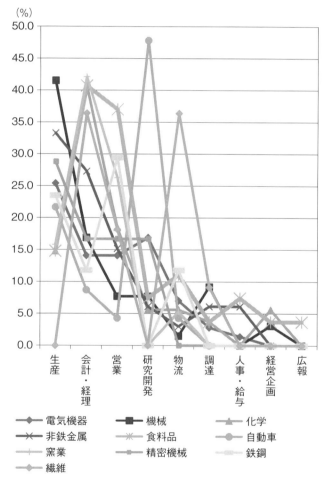

図表Ⅱ-17　産業別投資分野比較

低い産業でもあることは興味深い現象である。これらの産業の多くは低生産性であるが、IT利用が会計・経理などに留まっていることにその一因があるかもしれない。食品製造業のIT利用は会計・経理と営業分野に集中しており、そのIT利用が事務作業の合理化などの省力化の域を出ていないのが現状である。

これに比較して自動車産業は研究開発分野に多くのIT投資をしているようである。自動車産業に続いて研究開発分野にIT投資をしている産業は、生産性の高い電気機器、精密機械である。したがって産業別のIT投資の効果に関してはIT投資額の多少もあるがIT投資をどの分野に投資しているかがより重要である事がわかった。

製造業全体ではIT投資の目的として、高い順に「業務のスピードアップ」が83.2％で、次いで「人件費の削減」の50.0％、「営業・販売力強化」の41.1％、「在庫コスト削減」の38.8％、「調達コスト削減」の27.9％となっている。図表Ⅱ-18に製造業別のIT投資の目的の比較をした。食品製造業は何れの項目においても成果の程度が低く、せっかくのIT投資が活かされていないことがわかる。これに反して自動車、鉄鋼、繊維においては、取引企業数の拡大、変動コストの削減、研究開発、固定コストの削減等、営業・販売力の強化等にITが戦略的に活用されているようである。

食品製造業は今後IT投資を行う場合はその目的と目標達成に対してより厳密な設定と確認を行う事が求められるであろう。食品製造業においてはIT投資に対する目的意識が低く、IT投資を必要とする目的に使用されておらず、投資金額に見合う成果が得られていない事に問題がある。

食品製造業従事者のITリテラシー（識字率）の水準についても気になる。産業別のITリテラシーに関する資料は見つけられなかったが、著者の実感では製造業の中でかなり低い方に属すると感じている。食品工場に生産管理ソフトを導入する際に経験した例を挙げてみたいと思う。

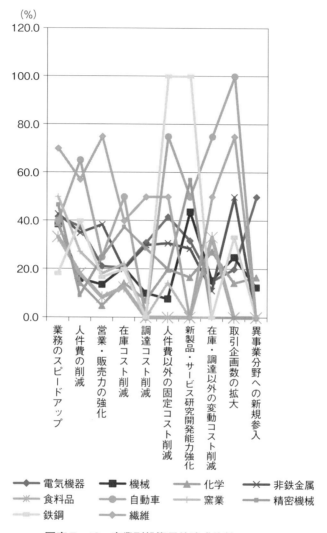

図表Ⅱ-18　産業別投資目的達成比較

> **こんな事例も！**

　一つ目はある企業に生産管理ソフトを導入指導する際、社長さんから「係長以上にはIT教育を行っていますから」とお聞きしていたので、研修の途中に何気なく「エンターキーを押して下さい」と言ったら、「エンターキーはどれですか」と質問された。社員のITリテラシーに対する社長の認識と実態とのかい離に唖然とした経験がある。食品企業では従業員のITスキルの確認とそれをもとにした再教育の必要を感じている。

　もう一つの例はある食品企業でライン毎にパソコンを当てがい、社長がライン班長にパソコンでライン管理をして貰おうとしたところ、一人の班長から退職願が出たそうである。その理由は「自分は数学とかパソコンとかが苦手なので食品企業に就職をしたのに、食品会社でパソコンを使用しなければならないなら会社を辞めます」という事であった。しかしこのような事例は食品工場ではそれほど珍しい事ではないような気がする。

　見方によっては食品企業ではパソコンを使わなくても済むと世間から見られていると言えなくもないし、そのような考えの人が多く入社しているとも考えられる。世の中はIoTの時代に入ってきている、時代の流れに遅れないように食品企業でも従業員のITへの苦手意識を減らし、ITスキルの向上に取り組む必要があろう。

　なぜなら食品工場に効果的なIT導入を行おうとすれば、IT教育をしっかりしないと効果はなかなか上げられないからである。図表Ⅱ-18で挙げた食品製造業におけるIT導入の効果の低さも、従事者のITリテラシーの低さが原因になっている可能性も大きいと思われる。これには食品系の学校教育におけるIT教育の現状にも原因の一端があるのではないだろうか。食品関連の学校関係者にも学生のITスキル向上について是非考えて頂きたいものである。

低生産性の原因 9　回収無き研究投資

　驚くことに食品製造業の研究開発投資は効果が余りなく残念ながら有効に使われていないようだ。食品製造業の研究開発の現状を裏付けるようなデータが、ものづくり白書の2005年版の中に（図表Ⅱ-19）に見つかった。この図からわかるのは食品製造業の経営者は研究開発にかかる資金の回収をそもそも考えていないという驚くべき事実である。当初から経営者に資金回収の意識がないわけだから、投資が企業の利益に効果的であるか否かは経営者の目的意識の外にあるわけである。これでは食品企業の研究開発投資が経営的に価値を持つ事は難しいのは当然である。それには経営者が何を研究すれば良いか判断が付かない事にも原因

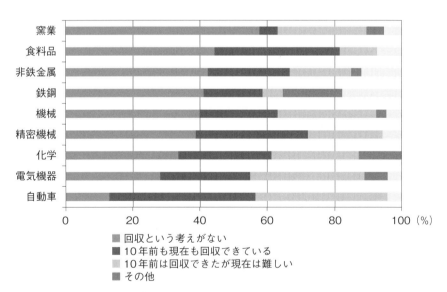

出典：ものづくり白書2005年版

図表Ⅱ-19　研究開発投資資金の回収状況

があるのではないだろうか。

　どのような企業でも企業が生き残るためには時代の変化の中で、時代の流れに即応して業態や生産品を変えていく必要がある。その変化の礎になるものが新製品のシーズを作るための研究投資であるはずだ。ベアリングメーカーが自動車のステアリングメーカーとして活路を見出したり、モーターのメーカーがロボットメーカーに変わったり、時代の流れの中で時代の要求に合わせて製品を変えていった企業の例は数多くある。その礎は何といってもそのシーズを作る研究開発であり研究投資である。

　回収の考えのない投資は通常企業経営ではありえないし、回収の意図のない研究投資は事業化に結びつかず、研究そのものの成功もおぼつかない。このような投資は企業の将来を見越していない無駄な投資である。時には回収に時間のかかる先行投資のようなものもあるが、将来を見通していなければ実現性のない無駄な投資になる可能性がある。食品企業の研究の中には研究の為の研究もかなりあるのではないだろうか。食品企業は研究投資の費用対効果を見直してみる必要があるのではないか。

低生産性の原因 10　効果のない販売管理費

1　食品企業の利益と販売管理費

　これまで「食品製造業はなぜ生産性が低いのか？」、「生産システムに問題はないのか？」など様々な視点から食品製造業の生産性の問題解明に取り組んできた。実際、食品製造業の生産性は低く、2008年度は製造業の723万円に対して食料品は503万円しかない。その為に従業者一人当たりの給与も他の製造業と比較しても相当に低い事は既に述べた通りである。これまでは食品工場すなわち製造部門の経営効率について検討してきたが、この節では食品製造業の企業としての利益構造について検討して行きたい。

　企業全体としての収益性の指標である売上高総損益率は上場企業の場合、製造業平均の24.4％に対して食品は27.9％（2007年）、中小企業の場合も製造業の25.3％に対して食品は29.7％であり、いずれも製造業平均よりも食品製造業の方が粗利益率は高い。ところが従業員数が多いために一人当たりの付加価値額である生産性は低いのである。

　食品企業の粗利益率は高いにもかかわらず売上高総損益から販売費・一般管理費（販管費）を減じた売上高営業損益率では、上場企業では製造業7.0％、食料品は4.5％、中小企業では製造4.3％、食品3.3％であり、経常利益率は上場製造企業6.9％、食品企業4.3％で両者とも製造業平均の方が高く、売上高総損益率の反対になっており食品製造業の販管費の比率が製造業平均より多いことがわかった。

　このように食品製造企業は製造業平均よりも販管費をより多く支出しているのである。しかも製造業では販管費は減少傾向にあるが、食品製造業では販管費額は高めで停滞しており、その結果最近10年にわたり食品製造業の売上率総利益率は減少傾向にある。このように販管費比率

が高いことが食品企業の収益率を低下させている原因の一つなのである。

　食品製造業の収益率が低い原因は、この事実から単にその生産性が低いためだけではなさそうである。食品製造業の収益率はこのようにどうして低いのだろうか、本項では様々な視点からその原因を検討してみることにする。それから食品製造業、特に加工型食品製造業が儲からない原因を探っていきたい。その為に食品製造業の財務構造に着目し、販売管理費と呼ばれる部分の経費が食品製造業の経営に及ぼしている影響を調べてみた。

2　食品製造業利益率への財務状況の影響

　食品企業の利益率はなぜ低いのだろうか。まず食品企業の利益率は財務状況の影響を受けているのか、財務指標等の経営指標を用いて食品製造業の利益状況を分析してみた。

　収益性の指標として①売上高総利益率：売上総利益（粗利益）を売上高で割ったもので、これは企業の儲ける力であり企業の製品の付加価値の指標である。②売上高経常利益率：経常利益を売上高で割ったもので、これは営業利益に営業外利益、財務利益を加えたものであり、企業活動における利益獲得能力を示すものである。③総資本営業利益率：本業の儲けである営業利益を企業が保有している資産の規模で割ったもので、資産運用による利益獲得能力を示し経営者の評価指標とも言える。

　経営の安全性指標として、④流動比率：1年以内の短期的な資金の総額である流動資産と流動負債とのバランスを見る経営指標で会社の支払い能力を見る。⑤当座比率：換金性の高い当座資金と流動負債とのバランスを見る指標で、短期の負債に対する企業の支払能力を示す。⑥固定比率：企業が長期的に運用する資金である固定資産と自己資金のバランスで少ないほど長期的に安定する。⑦自己資本比率：資産合計から負債合計を引いた自己資本を資産合計で割ったもので、債権者への資金返済に対する企業の余裕度の指標である。生産性としては、⑧一人当たり売

上高、⑨一人当たり付加価値額を用いた。

食品製造業小分類ごとの経営の現状を示したものが図表Ⅱ-20であ

	売上高総利益率	売上高経常利益率	総資本営業利益率	流動比率	当座比率	固定比率	自己資本比率	売上高（百万円）／人	付加価値（百万円）／人
肉製品	12.3	1.4	1.6	148	96.2	100.3	42.9	145.282	17.912
乳製品	26.5	2.8	4	95.8	54.9	146.6	39.5	53.308	13.021
その他畜産	14	2	3.4	140.5	99.2	105.7	46.9	50.703	7.76
水産加工品	21.6	1.1	0.8	97.9	63.6	181.5	30.4	46.777	10.252
海藻加工品	19.2	4.1	3.9	155.8	66.7	118.2	42.5	44.337	10.055
冷凍水産物	11	1	1.6	116.3	60.1	160.2	23.9	79.433	8.905
その他水産	17.2	0.9	1.8	120.9	61.6	142.2	27.9	60.581	9.482
野菜果実農産	21.6	3	3.5	165.2	106.3	87.6	45.8	44.979	8.977
野菜漬物	24.3	2.3	2	132	95.7	125.2	42.4	40.556	10.23
みそ	27.5	1.7	3.2	124.1	73.1	222.3	18.3	28.444	9.621
醤油アミノ酸	43.1	3.8	1.9	135.6	84.7	132	41.5	55.356	24.024
ソース	39.3	6.8	5.5	148.2	112.8	101.8	57.1	29.706	11.91
その他調味料	43.5	6.4	4.1	211.7	153.1	85.7	62.1	42.418	13.081
糖類	22.7	6.4	6	143.6	57.4	102.8	60	112.809	24.331
小麦粉	22.7	5.5	6.5	132.4	74.1	122.3	51.4	132.581	26.866
他精穀製粉	14.4	2.3	2.8	130.4	69.3	211.9	29.9	52.199	8.37
パン	29	2.9	4.4	75.5	79.4	175.9	42.2	39.328	11.47
生菓子	38.6	2.6	3.2	120.6	91.9	134.5	46.9	35.659	12.884
ビスケット類	38.6	3.7	3.7	150.1	114.1	107	55.6	56.147	20.576
米菓	34.5	4.6	3.8	144.2	109.5	124.9	53.1	33.382	11.128
他パン菓子	43.7	3.7	3.4	110.9	74	131.3	48.4	77.486	34.856
動植物油脂	20.2	4.8	5.4	157.9	66.8	103	48.8	135.663	21.722
清涼飲料	34.4	2.6	3.9	122.3	77.7	122.6	45.7	89.732	32.551
果実酒	24.7	-1.4	-1.4	144.4	90	91.4	51.5	89.192	22.19
ビール	28	8.7	8.3	66.9	66.5	150	45.4	260.436	75.465
清酒	36.6	2.4	1.7	180.6	115.8	88.9	61.2	56.395	20.934
蒸留酒混成酒	34.1	5.6	3.7	160.8	95.3	112.8	49.1	168.901	60.542
製茶業	28.2	2.1	2.4	148.9	92.4	98.1	38.7	50.976	11.966
コーヒー	26.5	-0.2	1.7	145.3	119.1	85.9	61.7	49.339	12.53
めん類	33.2	5.6	6.5	130.7	91.8	109.6	49.9	75.87	26.797
豆腐油揚	28.6	2.6	2.4	65.9	48.7	309.5	26	40.742	12.017
冷凍調理食品	21.6	1	2.4	110.7	69.3	161.4	35.5	76.667	15.262
惣菜	22.3	3.2	5.1	116	82.5	125.8	48	77.978	17.269
他に分類不可	20.8	2.3	4	134.6	97	151.7	35.8	53.56	11.518
多角経営	27.2	3.1	2.1	146.6	92.1	101.5	54.5	83.069	22.755

出典：食品産業センター：平成21年版食品基準統計年報より著者作成

図表Ⅱ-20 食品製造業小分類の経営指標

	全飲食品製造業	加工型食品製造業	素材型食品製造業	飲料酒その他
売上高経常利益率	0.405215811	0.706526953	0.977853902	0.279452996
総資本営業利益率	0.156292221	0.397489752	0.990617066	0.087047504
流動比率	0.165257618	0.18741671	0.313707517	0.298362622
当座比率	0.446694441	0.440764157	-0.238558297	0.068834876
固定比率	-0.162153936	-0.102184102	-0.91276983	-0.285215505
自己資本比率	0.463388144	0.540430381	0.960335924	0.387886031
売上高／人	-0.14997162	-0.391181418	0.873008675	0.147656325
付加価値／人	0.292877225	0.536660635	0.988882554	0.332876274

出典：食品産業センター：平成21年版食品基準統計年報より著者作成

図表Ⅱ-21　売上高利益率と経営指標との相関

る。売上高経常利益が高い食品製造企業は調味料や素材食品に属するものが多く、加工食品製造業の多くは経常利益率が低いことがわかる。そこでいずれの経営指数が売上高経常利益に影響を与えるか調べるため、製造特性類型別に売上総利益に対する経営指標との相関関係を調査した。図表Ⅱ-21に見られるように、素材型食品製造業の売上総利益は経常利益と高い相関を示しており、流動比率、当座比率を除く経営指標との間にも高い相関があることが示された。

しかしながら加工型食品製造業、飲料酒類その他食品製造業は共に売上総利益率と財務指標を含む経営指標との間に相関は認められなかった。食品製造業に占める加工型食品製造業の比率が高いために食品製造業全体としても同様な傾向を示し、素材型食品製造業を除き食品製造業の利益率は企業の財務状態や生産性等の経営指標等の直接的な影響下にないことがわかった。後でも述べるが加工型食品製造業においては、効果のない販管費の有効的な活用をもっと考える必要があるのではないだろうか。

3　収益性指標と利益率との関係

食品製造業は製造業全体に比較して売上高利益率は高いが営業利益率は低い事は既に述べたように事実である。この売上高利益額と営業利益

額の差は販売費及び一般管理費（販管費）の多少による結果であると言える。販管費率の差が製造業平均と食品製造業の売上利益率の差を生み出していると考えられる。販売費に含まれるものは広告宣伝費、販売促進費、販売手数料、見本費、荷造費、運搬費、保管費、営業社員の人件費などである。他方一般管理費は間接部門人件費、法定福利費、福利厚生費、研修費、家賃、旅費交通費、会議費、通信費、水道光熱費、消耗品費、図書費、租税公課、減価償却費、修繕費、保険料などである。

　食品製造業小分類毎に収益の指標を図表Ⅱ−22に示した。売上原価率、製造原価率等と販管費とそれに含まれる項目の比率を表した。調味料、酒類、糖類や小麦粉などの素材型食品には営業利益率が高いものが多くあり、調味料を除く肉製品や水産加工品など加工型食品には営業利益率が低いものが多くある。売上原価率、製造原価率、販管費率、広告宣伝費率、販売促進費率、荷造運賃費率、人件費率、研究開発費率に対する製造特性類型別の利益率との相関関係を図表Ⅱ−23に示した。

　食品製造業全体や加工型食品では、営業利益率とこれらの収益の指標との間に相関は認められなかった。販管費率の低い素材型食品では販管費の増加は営業利益の増加に繋がるが、販管費率の高い加工型食品ででは販管費増加と営業利益との相関は低く、販管費増加が利益率の向上に貢献していない。製造特性類型により販管費と利益率の関係はかなり異なることがわかった。

　研究開発費は全ての特性類型で営業利益率に影響を与えていないことがわかった。経営者が費用回収を求めていない食品製造業の研究開発費は、前述のとおり食品企業の利益に結びついていないということである。素材型食品では荷造運賃比率が利益率や多くの収益指標との相関が高いことが認められたが、嵩や重量の大きい素材型製造業では当然のことであろう。研究開発費が利益率に貢献していないなど、販管費の使い方について食品製造業では十分に検討する必要を感じる。これは前項の食品企業は研究投資に回収の意図がないことを奇しくも反映しているも

第Ⅱ章　食品製造業の生産性を低迷させた原因

	総利益率	営業利益率	経常利益率	売上原価率	製造原価率	販管費率	広告宣伝費率	販売促進費率	荷造運賃費率	人件費率	研究開発費率
肉製品	12.3	0.8	1.4	77.8	19.2	11.6	1	0.1	2.7	2.6	0.1
乳製品	26.5	2.9	2.8	73.5	40.7	23.5	1.1	7.6	2.7	3.3	0.7
その他畜産	14	1.8	2	86	24.8	12.2	0.1	0.3	1.6	2.1	0.3
水産加工品	21.6	0.6	1.1	72.4	39.8	24.4	0.8	5.4	3.3	3	0.1
海藻加工品	19.2	3.9	4.1	71.5	35.5	24.6	0.3	0.1	1.2	2.7	0
冷凍水産物	11	0.9	1	89	40.7	10.5	0.1	0	2	2.5	0
その他水産	17.2	1.3	0.9	82.8	42.2	15.9	0.2	0.6	2.3	3.2	0
野菜果実農産	21.6	2.7	3	78.4	37	18.4	0.1	0.2	3	3.4	0.2
野菜漬物	24.3	1.5	2.3	75.7	32.5	22.1	0.2	0.4	2.6	3.8	0
みそ	27.5	2.6	1.7	72.5	42.5	35	1.7	0.4	5.1	4.6	0
醤油アミノ酸	43.1	1.9	3.8	72.4	27.9	39.7	2.4	0.5	5.4	7.9	1.9
ソース	39.3	6.3	6.8	54.7	19.9	39	1.6	3.4	4.1	4.4	0
その他調味料	43.5	5.3	6.4	77	57.3	26.7	1.8	3.3	3.9	5.8	1.4
糖類	22.7	6.3	6.4	77.3	58.8	16.5	0.3	1.6	4.4	2.5	0.3
小麦粉	22.7	5.4	5.5	77.3	54.9	17.3	0.7	0	4.3	3.4	0
他精穀製粉	14.4	1.4	2.3	85.6	40.9	12.9	0.1	0	1.3	2.2	0
パン	29	2.7	2.9	66.8	44.6	26.4	1.9	0	4.3	9.9	0
生菓子	38.6	2.5	2.6	61.4	36.2	36.1	1.3	2.7	4.9	8.5	0.1
ビスケット類	38.6	2.8	3.7	61.4	22.1	34.4	2	17.2	5	4.2	0
米菓	34.5	4.1	4.6	65.5	52.4	30.5	0.6	11	1.4	4.8	0.6
他パン菓子	43.7	3.1	3.7	57.5	29.2	45.2	4.2	14.1	3.9	7.4	2.9
動植物油脂	20.2	4.8	4.8	86.5	64.2	15.4	1	0.7	4	2.4	0.5
清涼飲料	34.4	2.6	2.6	65.6	19.4	31.8	1.9	2	2.3	4.2	0.2
果実酒	24.7	-1.4	-1.4	75.3	38.2	26.1	1	3.5	3.5	6.7	0.9
ビール	28	9	8.7	73.8	19.4	18.9	3.5	4.6	1.3	2.8	0
清酒	36.6	2.3	2.4	63.4	8.2	34.2	0.5	0.3	0.9	1.2	0
蒸留酒混成酒	34.1	4.4	5.6	65.9	35.7	32.2	4.8	10.2	1.9	3.5	1.7
製茶業	28.2	2.1	2.1	71.8	48.9	26.1	0.9	0.2	3.1	7.6	0.1
コーヒー	26.5	1.4	-0.2	73.5	46.9	25.1	0.7	0.1	2.5	10.4	0.6
めん類	33.2	5.1	5.6	66.8	27.6	28.1	0.9	11.5	4.7	4.2	0.3
豆腐油揚	28.6	2.2	2.6	71.4	29.6	24.3	0.3	0.4	5	4.4	0
冷凍調理食品	21.6	1.8	1	83.7	23.6	19.8	0.3	0.4	3.2	1.5	0
惣菜	22.3	2.5	3.2	77.7	49.4	19.4	0.2	0.7	4.4	2.5	0.1
他に分類不可	20.8	2.9	2.3	79.2	35.6	17.6	0.3	0.4	3	4.1	0.4
多角経営	27.2	3.2	3.1	74.4	29.9	27.4	2.6	4.8	2.8	4.7	2.6

出典：食品産業センター：平成21年版食品基準統計年報より著者作成

図表Ⅱ-22　食品製造業小分類の収益指標

収益性
全食品飲料

	総利益率	営業利益率	経常利益率	売上原価率	製造原価率	販管費率	広告宣伝費率	販売促進費率	荷造運賃費率	人件費率	研究開発費率
利益率	1										
営業利益率	0.320643	1									
経常利益率	0.405216	0.95247	1								
売上原価率	-0.8039	-0.24422	-0.29302	1							
製造原価率	-0.19266	0.104156	0.070331	0.36918	1						
販管費率	0.89899	0.101879	0.167654	-0.8739	-0.29481	1					
広告宣伝費率	0.598965	0.343787	0.382463	-0.52034	-0.20331	0.592023	1				
販売促進費率	0.525912	0.232506	0.310223	-0.56319	-0.15675	0.503505	0.532617	1			
荷造運賃費率	0.381958	0.055051	0.104293	-0.23826	0.211056	0.348133	0.09557	0.119895	1		
人件費率	0.496698	-0.15196	-0.16017	-0.42199	0.179957	0.510595	0.374508	0.08729	0.392833	1	
研究開発費率	0.4522	0.038053	0.122308	-0.20675	0.017979	0.447166	0.657815	0.412131	0.092077	0.338043	1

加工食品収益

	総利益率	営業利益率	経常利益率	売上原価率	製造原価率	販管費率	広告宣伝費率	販売促進費率	荷造運賃費率	人件費率	研究開発費率
利益率	1										
営業利益率	0.613775	1									
経常利益率	0.706527	0.93621	1								
売上原価率	-0.76293	-0.57585	-0.59978	1							
製造原価率	0.039627	0.105752	0.068162	0.179688	1						
販管費率	0.89747	0.503901	0.544175	-0.8573	-0.08798	1					
広告宣伝費率	0.743294	0.279072	0.361388	-0.65029	-0.11911	0.795334	1				
販売促進費率	0.5389	0.358151	0.395332	-0.60167	-0.10147	0.513949	0.507682	1			
荷造運賃費率	0.622728	0.172625	0.238717	-0.46779	-0.14363	0.59581	0.516047	0.166817	1		
人件費率	0.705253	0.234388	0.323372	-0.59155	0.168188	0.671176	0.690386	0.156904	0.540638	1	
研究開発費率	0.58907	0.185462	0.330845	-0.26764	0.054734	0.529459	0.75093	0.380473	0.169187	0.453992	1

素材食品収益

	総利益率	営業利益率	経常利益率	売上原価率	製造原価率	販管費率	広告宣伝費率	販売促進費率	荷造運賃費率	人件費率	研究開発費率
利益率	1										
営業利益率	0.98283	1									
経常利益率	0.97785	0.99592	1								
売上原価率	-0.75039	-0.6927	-0.74327	1							
製造原価率	0.776213	0.83166	0.78364	-0.17934	1						
販管費率	0.98234	0.93099	0.9261	-0.78804	0.688286	1					
広告宣伝費率	0.494247	0.468363	0.387667	0.13754	0.787964	0.49536	1				
販売促進費率	0.500428	0.64587	0.667739	-0.31416	0.582668	0.337677	-0.02997	1			
荷造運賃費率	0.98091	0.98186	0.9622	-0.60885	0.8832	0.94406	0.621651	0.532544	1		
人件費率	0.655193	0.504635	0.500724	-0.69306	0.212221	0.784954	0.369493	-0.29546	0.564928	1	
研究開発費率	0.316316	0.451347	0.402123	0.295531	0.81713	0.163398	0.573886	0.663524	0.479268	-0.38405	1

飲料酒類その他

	総利益率	営業利益率	経常利益率	売上原価率	製造原価率	販管費率	広告宣伝費率	販売促進費率	荷造運賃費率	人件費率	研究開発費率
利益率	1										
営業利益率	0.156296	1									
経常利益率	0.279453	0.96973	1								
売上原価率	-0.9901	-0.05488	-0.18229	1							
製造原価率	-0.58047	-0.38842	-0.42777	0.520843	1						
販管費率	0.85992	-0.31401	-0.16379	-0.8858	-0.31955	1					
広告宣伝費率	0.323799	0.612357	0.691226	-0.25055	-0.06375	0.14143	1				
販売促進費率	0.25287	0.371915	0.521509	-0.20186	-0.04942	0.214384	0.89844	1			
荷造運賃費率	-0.69653	-0.61999	-0.62923	0.641467	0.754901	-0.31512	-0.34059	-0.16431	1		
人件費率	-0.47056	-0.49886	-0.61095	0.417693	0.84968	-0.21207	-0.21256	-0.3169	0.653405	1	
研究開発費率	-0.09049	-0.09479	-0.01658	0.133034	0.20969	0.188299	0.471658	0.621234	0.284724	0.052302	1

出典:食品産業センター:平成21年版食品基準統計年報より著者作成

図表Ⅱ-23　製造特性類型別食品製造業の利益と収益指標との相関

のと思う。何のための研究開発であるかを、経営者だけでなく研究者も良く考えて研究開発投資を行う必要があるのではないか。

4 食品製造業の経費分析のまとめ

　食品製造業の利益率は生産性や販売額／人による製造原価や販売原価よりも、予想以上に間接的な経費である販管費の影響が大きいことがわかった。素材型食品は販管費率が低いけれども、販管費と利益率との間には明らかな相関があり、販管費支出による効果があることが認められた。素材型製造業では加工型食品製造業に比較して販管費の使用意図がより明確に判断されていると考えられる。しかし販管費を比較的多く使う加工型など製造特性類型食品は利益率と販管費との相関が曖昧で、販管費に区分される経費が利益の向上に直結していない事がわかった。加工型食品製造企業では研究開発費などの販管費の支出についてもっと考える必要があるのではなかろうか。

　このように販管費は食品製造業の営業利益率・経常利益率に大きく影響していることが明らかになった。販管費の各科目が利益率に有効であるかどうかを再検証し対策を打つことで、食品製造業は利益の上がる製造業に変わることが可能なはずだ。そのためには夫々の食品製造業において工場の経費だけでなく、販管費の科目別の有効性について検討を行う必要がある。研究費など販管費を有効に使用することにより、食品製造業は高利益製造業に変わることも期待されるし、時代の変化に対応する食品企業経営が可能になるのではないだろうか。

低生産性の原因 11　古い経営者の考え

　明治維新期には食品製造業にお雇い外国人の派遣がほとんどなく、日本の食品製造業は当時の近代的な殖産興業政策から取り残された。その結果食品製造業は江戸時代以来の伝統と体質を引き継ぐことになった。また多くの食品企業は家業として受け継がれてきたために、経営者の交代が少なくその為に昔からの古い体質が残っていった。

　第2次大戦後の混乱の中で国力を回復し輸出競争力を高めるための欧米の生産管理、品質管理等を吸収する目的で行われた海外視察団（昭和の遣唐使）や、デミング博士等による品質管理のセミナーへの食品企業の参加が少なかったことも、食品企業経営者の意識を旧態依然のままとした原因の一つと考えられる。このような経営者の意識が従業員の平均給与を低くし、それが労働の質を低下させ生産性を低下させたと考える事もできるであろう。

　経営者の意識を変えることができなかったもう一つの理由は意外であるかもしれないが食品企業の独立性である。食品企業は全材料の自己購買率が高く、独立性が高い。機械関連の企業の大方は元請け（メーカー）と下請け（協力工場）の関係や系列に組み込まれている。そのために多くの機械関連の中小工場は、メーカーの指導や要請あるいは材料や部品の供給を望むと望まないに関わらず図表Ⅱ-24のように甘受せざるを得ないのである。

　反面このような関係で多くの機械関連工場は社外の技術や知識や考え方の影響を受けてきたが、食品工場の場合は原材料の直接購買率が示すように、現在でもほとんど系列化されていない為に情報が入りづらい環境にある。経営者が一国一城の主として経営の独立性が高いことは悪いことではないかもしれないが、反面知識や技術、考え方などの吸収の面

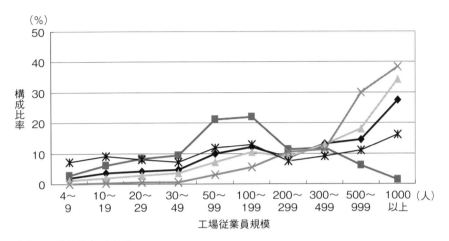

出典：工業統計表（2008）

図表Ⅱ-24　産業別従業員規模工場別原材料構成比

では、系列化があった他の製造業よりも不利な状態にあったと言えるかもしれない。ただしこれからはコンビニ等の流通企業の購買パワーによって技術的な部分、特に食品衛生的な部分においては影響を受けざるを得ないであろう。

　現在の食品企業の経営者達は他の産業の経営者と比較して、経営に関してどのような問題意識を持っているのだろうか。野村総合研究所の2009年のアンケート調査によると、図表Ⅱ-25に示されるように食品製造企業の中小規模の食品企業経営者にとって、最大の課題と意識しているのは食の安心・安全への対応である。一度食品事故を発生すれば企業の存続すらも危うくなる食品企業の現実においては当然だとも思えるが、しかしながら食の安心・安全が経営者にとって最大の課題なのは著者には甚だ問題であるような気がする。

　食品大企業経営者の考える最大の課題は既存事業の競争優位の獲得だが、それは経営者として競争優位を探るのは当然である。なぜなら経営者が食の安心・安全に関心を持つこと自体が問題という事ではなくて、

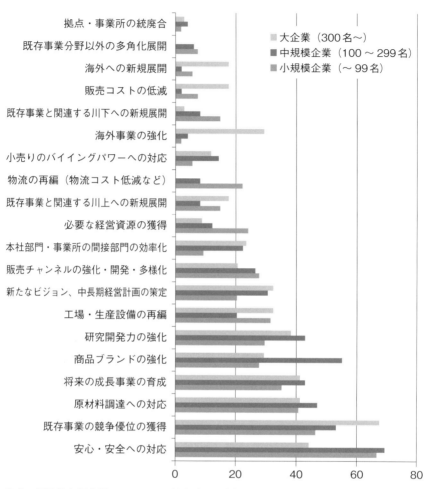

出典：野村総合研究所：アンケート調査（2009年）

図表Ⅱ-25　食品企業規模別経営者の経営課題と意識

企業の経営者としてこれが最大の課題とするのはいささか問題であると感じるからである。この食品企業経営者に対する調査の結果によると、残念ながら実際、経営者として担って当然の収益性向上や人材教育、財務体質などのマクロな課題が回答項目の上位に含まれていない事が問題

である。この調査で得られた課題の中には安心・安全、原材料調達への対応など、一般的には中間管理職の取り扱うべきミクロな課題が多く含まれているのである。

　ミクロな事に経営者が関心を持つ事が悪いという事ではなく、マクロの視点を持つべき経営者がミクロの視点のみで経営を考えていることが問題なのである。食品企業の経営者は経営者として将来を見据えて経営を行っているのではなく、目前のミクロの問題に囚われ過ぎているのではないだろうか。

　もちろんアンケート調査の結果は調査者の意図やアンケート方法や設問に影響を受けるので、短絡的にアンケート結果を評価することは問題であるが、経営者の最大責務は何であるかと考えるとこのアンケートの結果にはいささかの失望がある。いままでも述べた通り食品製造業の生産性は低く従業員の給与も少ない現実において、設問になかったのかもしれないが、収益性の向上、売上・シェア拡大、人材の強化、新事業の開発、財務体質強化等の経営者として当然取り組むべきマクロな課題に対して、結果的には経営者の関心の比重はこのアンケートでは高くない。食品企業の経営者は企業を発展させるために、何を課題にしなければならないか、まさに考え直してみる必要があるのではないだろうか。

　前述の食品企業の経営者に対するアンケートに対して、一般社団法人日本能率協会が国内主要企業の幅広い経営者を対象とした企業経営課題に関する調査によると、経営者の認識する課題の上位項目の最近5年間の推移は表図Ⅱ-26のようになっている。こちらのアンケート調査では経営課題上位は収益性向上、売上・シェア拡大、人材強化、新製品・新事業開発となっており、これらに続くのは財務体質強化、現場力強化、品質向上、高コスト体質改善、顧客満足度向上、技術力・研究開発力強化などの、経営者にとって重要なマクロな課題が着目されている。

　経営者にとっての課題はこの図のように時間・環境やその企業の状態により当然変化するが、先の食品企業経営者のアンケート結果より、一

般企業の経営者のアンケート結果の方が経営者の問題意識としてはより的確であると感じる。二つの調査の比較から食品企業経営者にはもっとマクロな問題意識を持つ事と、マクロの問題に取り組めるように自らを支えてくれる有能な人材の養成を図る必要があるのではないか。

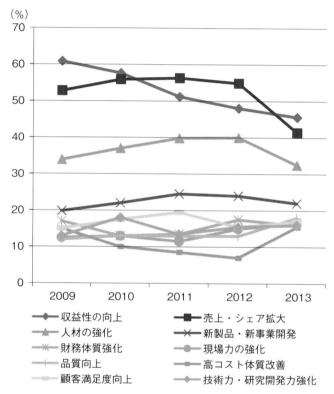

出典：(一社) 日本能率協会調査 (2014年)

図表Ⅱ-26　経営者の課題認識の近年の変化

低生産性の原因12　人口増による消費量増加に慢心

　食品製造業の低生産性の理由の一つは国内市場を対象とし国際競争に晒されることなく、戦後からの人口増加により消費量が増加し続けてきたことに、食品企業の経営者が安住してきた事もあると思う。人口増加と経済拡大によって食品の消費量が自然と増えたため、その消費量拡大に対応して生産設備を導入しさえすれば適度に売り上げが上がり、それほど生産性を気にせずに利益を上げることができたのである。加えて食品産業は食管法等によって海外からの攻勢から政府により原料面で保護されてきた側面もある。

　食の欧米化により、水産製造業や清酒など米の消費量の減少に伴って売り上げ減少に見舞われた業界や、小型企業が淘汰された製粉や製パンなど厳しい生き残り競争が行われた業界もある。しかしそれらはコップ（業界）の中の生き残りに過ぎず、産業界全体或いは海外の市場への進出を見通したものは少ない内弁慶な企業が多かったように思う。

　日本の人口は2006年頃をピークにして減少をし始めた。一例として図表Ⅱ-27はパンの生産量の推移であるが、その傾向がはっきりと見られる。人口の動態とパンの消費量は同じような曲線を描いている。人口が減少しそれによって胃袋の数が減れば当然食品全体の消費量は増加を続けることは難しい。少子高齢化の日本においては生産人口、若年者人口が減少し、一人当りの食品の消費量も漸次減少していった。

　一般的に生産量が減少すれば工場の生産性も低下しがちである。長い間人口増加による人口ボーナスで助けられた為に、生産性向上を疎かにして来た食品製造業にとって厳しい時代が始まっている。生産性を向上し利益拡大を図ることで、新しい食品製造業のあり方を追求すべきであろう。

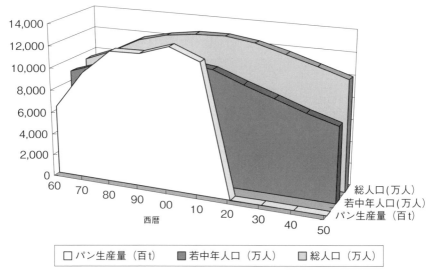

出典：パンニュースより著者作成（2000年）

図表Ⅱ-27　人口変化と生産高

第Ⅲ章

意識を変えることでムダをなくして生産性を向上させる

1 生産性とは何か

　食品製造業の生産性は25業種の製造業の主要な中分類中で最も低い事を述べてきた。ところで生産性とは何かもちろん概念的な理解はされていると思うが、まずはその生産性とは一体何であるかを原点に返り考えてみたい。実際生産性という言葉は生産現場では日常的によく使われている。しかしその理解については案外と曖昧なあるいは間違って理解されている企業が多いように感じる。

　例えば生産性向上というように多くの工場でよく使用されているが、その場合の生産性は効率を上げるというような抽象的な意味合いで使用されていることが多いように感じる。また工場の生産性向上の目的でコンサルタントが既に入っている工場でも担当者に事情をお聞きすると、特に生産効率の指数のようなものを使用していないケースすら見受けられる。これでどうして工場の生産性向上が評価できるのか心配になる。なぜなら現在実行中の改善策に効果があるのかどうか、数値がなければ具体的客観的に評価できないからである。

　その「生産性」とは産出（output）／投入（input）の関係を表す指標で産業等の効率を測る指標であるが、一般的に単に生産性というと労働生産性のことを指すことが多い。本書では特に断わらない限り生産性と言えば労働生産性を指すと考えていただきたい。労働生産性は労働者1人当たりで生みだす労働の成果を指しており、労働者一人が1時間で生み出す成果を指標化する時には人時生産性（生産性／人・時）と呼ばれる。労働の成果とは、労働者が労働によってどれだけの価値を付加したかを指すものである。この労働の成果は付加価値と呼ばれるが、例えば工場で原材料に手を加えて製品にすると価値が増大するが、この価値増大分が追加された付加価値に相当するのである。

例えばパンを作る場合に小麦粉1袋と必要なその他の材料の合計金額が4,000円であるとして、これから1個100円のパンが100個できたとすれば製品の生産金額は10,000円になり、使用された材料に付け加えられた付加価値は6,000円になる。この場合の付加価値金額は6,000円である。この作業を1人で3時間掛かって行った場合の人時生産性は2,000円（2,000円／人・時）となる。もしも4人の作業者が1日（8時間）で20袋分の材料を使用してパンを焼いたとすると

100円×100個×20袋（製品）－4,000円×20袋分（材料）
＝120,000円（付加価値）

となり、この時3人の作業者が8時間ずつ働くと24人・時の労働がパンの生産に提供されたことになるので、120,000円の付加価値を24人・時の労働で生み出したわけだから120,000円／24人・時≒5,000円　で人時生産性は5,000円／人・時となる。このように労働生産性とは労働者がどれだけ付加価値を生みだしたかを数値化したものである。上の例のように人時労働生産性とは1人が1時間で生み出した付加価値額として表される。

その労働生産性には2種類ある。一つは成果として付加価値（企業が新たに生み出した金額：国レベルではGDP）を使用する付加価値労働生産性と、成果に生産量や販売金額などを使用する物的労働生産性である。国などの労働生産性を測るにはGDPを使用する付加価値労働生産性が使用される。この本では特に断らない限り生産性とは付加価値労働生産性を指すことにする。その生産性は労働者の能力向上や生産方法や効率改善によるものやマネジメントの改善によって向上する。

厳密には付加価値にも色々とあるようであるが、ここでは上の例のように工場売上高－原材料費＝付加価値額　と考えることにする。同様に販売店では、商品の売上額－商品の仕入れ値＝付加価値額になる。これを店員の労働時間で除すると店員の人時生産性が算出される。このように一人当たりの効率を問う場合はその付加価値額を何人あるいは何時間

で生み出したかがポイントになる。付加価値を従業員の数で割ったものが一人当たり付加価値額（付加価値額／人）になるので、生み出す付加価値額をできるだけ少人数あるいは短時間で生産することによって、その職場の生産性は高くなるわけである。

給与は一般に付加価値額の中から支払われるので、給与を多く支払う為にはより多くの付加価値額が必要になるのは当然である。もちろん付加価値額より給与や経費の合計額が大きくなれば、その企業は赤字になってしまうので健全な経営はできない。時には企業ごとの生産性を比較する必要があるが、算出された人時生産性は企業ごとの事情（算出の考え方等）があり、他の企業と案外と単純には比較できない事が多い。

前述のように工場の付加価値額は工場出荷額から材料費を引いたものだが、同じくらいの売上高でも企業によって会計上の差異や経費の仕分け項目が異なるなどによって工場の付加価値額が異なるからである。また企業によって利益をどの部門で出すか等の方針が異なり、工場出荷額（工場から営業への販売額）が変わることもある。例えばある企業では工場で利益は出さなくても良いと考え、工場はトントンで運営し営業で利益を上げる考えの企業と、営業は利益を上げずに工場で利益を上げるとの考えの企業では工場出荷金額は当然変わるはずである。仮に同じような成果を出している工場同士であっても前者の工場出荷額は後者より当然低くなるはずだし、あるいは営業と製造の夫々で利益を上げる方針の企業もあるだろうから、このように異なる企業の生産性は厳密には比較できないことが比較的多い。

また工場出荷額を特に算出していない企業もあるだろうし、その場合は利益をどの部門で出すか、営業経費や管理費や建物や設備の償却費を加味して想定工場出荷額を算出するとよいだろう。あるいは仮に同程度の人時生産性の工場があった時に、一方は新工場で新設備を使用しており他方は償却の終わった工場と設備の会計上の事情が違う場合、償却金額により片方では赤字になり、他方では黒字になる場合もあるので単純

には比較できないこともある。

　それでも工場の利益方針や償却等の違いはあっても、同業の同規模の工場であればある程度の比較はできるし、同じ企業の工場同士や経年比較などに用いるには生産性の推移を観察することは有効である。単に工場全体ではなく部門やライン別に計算することによって、部門ごとや製品毎の生産性を算出することもできる。この数値を使って部門やラインの強み弱みを評価し、問題点や改善の必要を見つけ出すことができるのである。

　一国の製造業の労働生産性は、全製造業の総付加価値額を製造業の総労働者数で除したものである。各社或いは国により労働時間が異なるので、１時間当たりに換算する事もあるし、年間の付加価値額で示される場合もある。国際比較の場合は為替変動などを考慮しなければならない。日本の製造業の労働生産性水準はOECD加盟国中2011年の順位は７位であるが、食品製造業の生産性は極めて低く構成従事者数が多いために、製造業の生産性を計算上６％低下させている。もしも食品製造業が他の製造業の生産性の水準で効率よく生産できると仮定すると、日本の製造業の生産性は５位まで上昇する事になる。このような事から食品製造業が如何に日本の製造業全体の生産性を落としているかわかる。

　企業や産業で労働生産性が向上する事は、作業方法の改善や経営努力により生産作業が改善された効果である。労働生産性向上は単に企業利益拡大だけでなく、生産性と賃金の間には相関関係があるので生産性向上で得られたお金は、従業員の賃金上昇の原資にもなるわけである。給与を増やした企業が多ければ、給与上昇により国民の購買力が増えて経済成長の推進力ともなるのである。

　図表Ⅲ－１のように一人一人の労働生産性向上は企業全体では製品の生産コストを低下させることになり製品価格を下げる。また生産や流通の効率化によって納期が短縮される事により顧客満足度の向上にもつながる為に、新たな購買の原動力にもなり購買量の拡大を生み、それが生

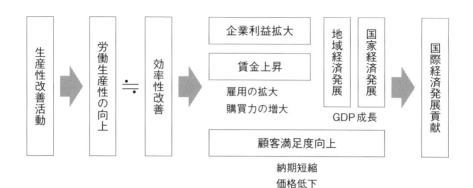

図表Ⅲ-1　労働生産性向上の効果

産の拡大につながるように連鎖するのである。このように一人の労働者の生産性の向上は企業の利益だけでなく労働者の賃金上昇にも、国家経済にまでも影響を与えるのである。

2　生産性を上げるのに必要なこととは？

　前章に挙げた項目のほとんどは、企業における無形（組織）資産に関わる組織の有り方に関するものである。
　ある産業の生産性が低迷する原因とされるのは、一般的には生産設備が古いとか自動化されてないなどの有形資産に関わるものが多いとされるが、食品製造業の生産性が低い原因としては設備等の有形資産によるものだけではなく、実際には無形資産である組織資産不足などの、全要素生産性の低迷が食品製造業の低生産性の原因になっているものと著者は考えている。
　有形資産はお金で買う事ができるが、組織資産は財務諸表には載らない資産であることからわかるように、お金で買う事はもちろんできない。高いお金を払って素晴らしい機械設備を購入しても、それを使いこなす作業者の技術や知識に加え意識などの組織資産がなければ、それらを使いこなすことができず、その設備はムダな投資になってしまう。
　このように食品工場の生産性を向上させるために有効な組織資産を形成するには、組織自ら組織内に効果的な組織資産を作り上げる以外に方法はない。このように考えてみると食品製造業において、人の育成や組織の能力向上に対して十分配慮がされてきたかどうかが問われるのではないだろうか。

1　組織資産

　継続的に生産性を向上させてきた多くの製造業では一般的に全要素生産性（TFP）が高いが、生産性が低迷している製造業中でも特に食品製造業の全要素生産性が低いことは既に述べた。そのようなことから食品製造業を低生産性に留める原因になっている、不足している全要素生

産性の組織資産などの要素は何かを探ることこそが、食品製造業の生産性を向上させる最も重要な手段なのではないだろうか。

　全要素生産性を向上させる要因として、①IT化の進展：IT化が有効に活用されるにはIT化の進展に適した組織構造・組織対応が必要、②規制緩和：規制緩和による経済構造改革は、競争の激化による資源配分の効率化、生産性の上昇をもたらす、③産業構造の転換：全要素生産性の高い産業に生産資源が移動すればマクロの全要素生産性は上昇する、等の条件であると一般に言われている。

　そのIT化による成長については、①生産性の高いIT産業が成長することによって経済全体の生産性が向上する、②IT資本財の蓄積が進むことにより労働生産性が上昇する、③ある産業や企業でのIT化の促進が他の産業や企業の生産性を促進させる効果があると考えられている。また物的なIT化を補完して生産性を上昇させる要素として無形資産の役割が注目されている。

　しかしながら食品製造業のIT予算は他の製造業と比べて見劣りはしないものの、その予算活用によるITの効果については余り芳しくはない。その原因として考えられることはIT投資の目的が的確でない事や、食品製造業のITリテラシーの低さ即ちITに関する組織能力が低いことなどがある。

　一般に無形資産と言われるものには、①ソフトウェア及びデータベース、②科学的工学的及び非科学的研究開発、資源開発（採掘権）、著作権、ライセンス契約、新製品開発・デザイン・金融新商品の開発など、③ブランド資産、企業の固有の人的資本、組織改変に伴う費用などがあるとされている。しかしここで特に着目する無形資産は組織の持つ能力とも言える組織資産のことである。

　全要素生産性を向上する為に技術革新とか新販路の開拓等と教科書のようなことを言っただけでは現実的な方策ではない。そのような建前的な対応をしていたのでは実践的な生産性向上には余り役に立たない。

TFP上昇率の変化は単に技術進歩によるものだけではないからである。なぜなら全要素生産性の要素は既に述べたように、短期的には固定設備の操業率や労働者の技術水準の上昇を反映するが、長期的には技術体系（技術水準や技術の活用方法等）の進歩や企業組織の改革、産業構造変化等の効果が極めて重要だからである。

　生産性を向上するためには無形資産の中でも、特に組織資本の役割が重要視されているのである。当初IT投資が増加している時期にはTFP変化率は低下現象を示し、その後IT投資の増加に伴って組織資本が蓄積されるにしたがって、TFP変化率が上昇する現象が見られたからである。唐突に組織資本と言っても一般的にはわかり辛いが、経営学の分野では古くから「暗黙知」、「見えざる資産」と言うような表現で表されてきた。余り強調をされてはなかったが、実は今までも組織資産は製造業の中で経営資源として着目され活用されてきたのである。

これでできる！　対策1
生産性に影響を与えた組織資産の例

　生産性向上おける全要素生産性上昇に組織資産が如何に重要であるか、生産性向上に与えた一つの科学技術の進歩の例に着目してみたい。蒸気機関が使われていた旧来の工場から電気を使用した新しい工場に変わる頃、すなわち第2次産業革命の時代の話である。電気が使用される以前の工場は図表Ⅲ-2の左上のように蒸気機関（スチームエンジン）或いは水車を中心にして、工場内にその動力を伝えるように構成されていた。このような工場では蒸気機関から各機械に動力を伝えるために、クランクシャフト、プーリー、ベルト、歯車、ベルトホイール等の機構が用いられていた。このように動力伝達には機械的な方法が取られており、当時は機械的伝達以外には動力伝達の方法はなかった。

　機械的な方法では動力を離れた場所まで伝えることは困難なため、大きなエネルギーを必要とする機械はできる限り工場の中央にある蒸気機関の近くに当時は置かれた。したがって通常は大型の蒸気機関を工場の真ん中に設置し、その周りに他の機械が設置され動力を伝え易いように配置されていた。立体的に配置してさらに多くの機械をできるだけ蒸気機関の近くに置くように、当時の工場は図のように蒸気機関の上の階にも下の階にも機械を配置する構造の、動力伝達の都合による構造の複数床（階）の工場が普通であった。

　その後動力としてモーターが発明され電気が使用されるようになってからも、当初はどの工場もこれまでの蒸気機関の頃と同様の配置の工場になった。以前の工場を建てた管理者と同じ管理者が蒸気機関を取り外して入手できる限り大きなモーターを購入し、以前蒸気機関が置かれていた工場の中心に大型モーターを設置し、同じ動力伝達方法の工場を建てたのである。

第Ⅲ章　意識を変えることでムダをなくして生産性を向上させる

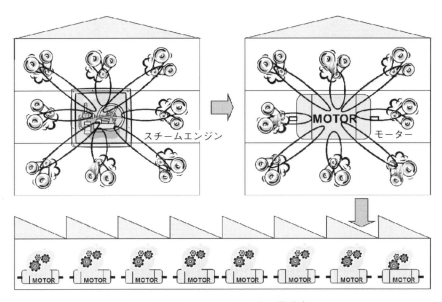

図表Ⅲ-2　技術革新と工場の構造変遷

　画期的新発明の新しい動力であるモーターの導入によって工場の生産性は大きく向上したのだろうか。ところが実はモーターの発明があっても直ぐにはそうはならなかった。できたばかりのモーターの機械としての信頼性が低かったこともあるが、旧来の工場を立てた古い考えの技術者が蒸気機関の代わりにモーターを据え、それまでと同じ動力伝達構造の工場を建設したからである。暫くの間このような構造の工場が次々と建設されていったのである。

　モーターという大きな技術革新は起きたが人間には思い込みがあり、当時の工場管理者の頭の中は蒸気機関のパラダイム*のままであって、新しいモーターのパラダイムには直ぐには変わらなかったのである。モーターを使用する工場の構造について工場管理者の考え方が変わるには時間が必要だった。新しく発明されたモーターの特性を引き出す

＊パラダイム＝時代に共通の思考の枠組、範例

工場はどのような構造にあるべきか、モーターの特性に適合した新しい構造の工場が登場するまでには実際に30年も掛かったのである。この30年という年月は１つの世代がリタイアするまでの期間に相当しており、30年の経過の後に図表Ⅲ-2の下に見られるような新しいタイプの工場がようやくできたのである。

　この新しい工場は以前のように大きなパワーの動力を中心とする、複数階の構造の動力伝達を中心に考えた工場ではなかった。広大な床面積の平屋の工場に、動力としてのモーターが分散して配置されている新たな形式であった。それぞれの機械に適切な大きさのモーターが取り付けられていた。ベルトによる動力伝達に比べて、電力はほとんど無駄なくエネルギーを長い距離を送ることができるので、このような配置が可能になったのである。このように新しい発明であるモーターを受け入れることは案外と短時間でできたが、そのモーターを使いこなす人間の頭の中の切り替えには、このように長い時間がかかってしまった。

　今ではこのような構造の工場は常識であるが、モーターの発明後も長い間蒸気機関の動力伝達の呪縛から解放されなかったのである。新しい構造の工場は初めて動力伝達の都合ではなく、作業の流れに沿って機械を置く生産の都合による工場になった。作業の流れに沿って配置にすることにより、新しい工場の生産効率は飛躍的に向上した。その結果新しい工場の生産性向上は10％や20％の程度ではなく、10倍、20倍、30倍と向上した。

　確かに技術革新としての電気やモーターは生産性を向上させたが、モーターという新しいテクノロジーを導入しただけでは工場の生産性は向上しなかったことは事実である。工場管理者が新しい技術革新を使いこなす構成方法を考え出した時に、初めて大きな効率の向上が達成できたのである。当初ほとんどの管理者は工場の構造改善の必要性を理解できなかった。その後従来の動力伝達の制約は重要でないことが工場管理者の間で認識され、新しい作業の流れに沿った生産のやり方が生み出さ

れた。

　このように革新的な発明だけでは生産改革を引き起こすことはできず、革新的発明の本質に気付くことによって初めて大改革の実現ができた訳である。組織の中に革新的発明を使いこなすための知恵と意識、すなわち組織資産が形成される事が極めて重要になる。人間の頭は我々が想像する以上に固いのである。このモーター導入による工場の構造変化の例でわかるように、新しい科学技術革新と共に新しいやり方を考え出す、組織や人々の持つ能力等の無形資産（インタンジブル・アセット）である組織資産が、極めて大切なことを我々は理解しなければならないのである。

　全要素生産性に大きな影響を与える組織資産を簡単に言えば、科学技術そのものよりもそれを使いこなす組織の中の人間の知恵、創意工夫に尽きるのではないだろうか。それでは現在の食品工場はどのような状況であろうか、生産の変革を起こすには人や組織に変革が必要なことは食品工場も同じであるはずだ。食品工場においても組織資産を形成することこそが、今後の食品製造業の発展に必須であることは間違いないであろう。

これでできる！対策❷
新しい経営の考え方とマネジメントの再構築

　これまでにも述べてきたように第2時世界大戦直後までは、食品製造業の生産性は他の製造業と比較して特に低かったわけでも、他の製造業と比較して給与が今ほど極端に低かったわけでもない。食品製造業は低生産性だという思い込みがあるが、食品製造業が本来的に生産性の低い産業でなければならない必然はない。そして第Ⅰ章に示したように西欧先進国の食品製造業の生産性は、日本の食品製造業のように他の製造業に比べて極端に低くないことからも、日本の食品製造業の生産性はもっと高くすることもできるはずだ。

　日本の食品製造業の生産性が低くなければならない必然はないし、著者はこれまでの多くのコンサルティングの経験や実績から、今後食品製造業の生産性をやり方如何で製造業の平均程度に向上させることは十分に可能だと考えている。食品製造業の経営者や従業員は欧米の考え方や技術の洗礼を受けずに、前述のように古くからの経営体質や考え方を残したまま今日に至ってしまった。その為に低生産性になってしまった事と経営者の考えによって、従業員の給与水準は低いままでおかれてきた。有能な社員を雇用し社業を発展させるよりも、低賃金の作業者を使い生産コストを下げて利益を確保するという、昔ながらの考えが食品製造業の経営者に残ったために、他の製造業と比べ従業員の給与をますます低下させてしまい今日に至った。

　労働者にとって低賃金の企業は魅力のない職場になりがちで、有能な社員の入社は少なく、低賃金は食品製造業の従業員の能力を他の製造業に比べて結果的に相対的に低下させてしまったのである。これは既に述べたいわゆる労働の質の問題である。この低賃金等のような低い労働条件による労働の質の低下は、その後の食品製造業の生産性を低迷させた

大きな原因の一つになったと考えている。したがって食品製造業の経営者は、給与の上昇や勤労条件の向上による労働の質の改善について真剣に取り組む必要があるのではないだろうか。

戦後の昭和の遣唐使の派遣によって、多くの日本の企業経営者や管理者が会得したものは、生産設備等のそれぞれの製造業の固有の技術等のいわばハード面より、むしろ生産管理、品質管理等のマネジメントのようなソフト面、それは即ち全要素生産性における組織資産増強に関する内容だったのである。しかしほとんどの食品製造企業が昭和の遣唐使に参加できなかったことで、欧米のマネジメントの考え方を食品企業は取り込めず、企業の中に経営マネジメントに関する組織資産の形成が進まなかったことは、食品製造業の発展を大きく阻害した原因の一つであることは間違いないと考えている。

デミング博士らの品質管理の普及活動への食品製造業の対応についても同様な事が言えるのではないだろうか。これらの歴史的事実に見られるように食品製造業は戦後の生産管理に関する新しいマネジメントの知識や思想の吸収の機会に恵まれなかったために、経営マネジメントや従業員の能力開発などによる組織資産の形成が遅れたのである。経営者のマインドや従業員の能力向上が阻害されたために、トヨタ生産方式などの手法の生産現場への導入を表面的に行ったところはあるにしても、成果が出るほど効果的に取り入れることができた企業は少なかった。新しいことに取り組むなどの従業員の職務遂行能力について言っても、例えば従業員のITリテラシーの低さにそれは現れているのではないだろうか。

また食品企業の従業員の質やモラルを向上させるために、無視できないことは食品製造業における同族企業の問題である。食品製造業は古い体質を残した製造業であり、また同族企業の比率が最も高い製造業の一つである。もちろん同族企業の中には立派な経営をされている会社も沢山あるし、同族によることを強みとしている企業さえある。しかし一般

的に多くの同族経営の企業では、会社の繁栄より同族の都合を優先しているように感じることは多々ある。

　端的に言えば優秀な社員より親族の処遇の方が優先される例である。これにより能力のある従業員はやる気を失ってしまい、その結果定着が悪くなって従業員のモラルが低くなり、士気が低下することは当然であろう。このような事が食品製造業の労働の質を低下させている原因の一つであるとも考えられる。例え同族企業であっても同族の過剰な優先による弊害については、決して忘れることのないようにして頂きたい。このような例を持ち出すまでもなく、食品企業は社業の発展のために人材の活性化についてもっと考える必要がある。従業員のやる気が失せれば企業の発展はありえないのだから。

第Ⅲ章　意識を変えることでムダをなくして生産性を向上させる

これでできる！　対策3
自ら変わらねばならぬという意識

　著者が今まで関係した食品企業の経営者や従業員の皆さんは、著者がかつて在籍した電機製造業などの他の製造業と比較して、新しいことに対して保守的な方がかなり多いと感じている。その為か新しいことに挑戦しようとする姿勢がなかなか見られない職場が多い。例えば新しい技術が紹介されても他社が導入して上手くいったら、取り組みを検討するといったようなものの考え方が多い。このような考え方は他の製造業では通じず、このような対応では他社の後塵を拝する事になっても仕方ないはずである。

　職場の改善は今までと同じ事をしていたのでは成し遂げられないのではないだろうか。昨日と同じやり方でなく少しでもより良い方法に挑戦する、やる気が何より大切なはずである。そのためには経営者が新しいことに取り組む進取の勇気を持ち、労使一体となって全員で知恵を出さなければならないはずだ。知恵を出すためには知識が必要である。知識は本から得られることが多いが、食品企業の従業員は本を読むことが得意でない方が多いように感じる。現在の状況を打破するには経営者だけでなく従業員も知識や考え方の学習が大切であることを忘れてはならない。

　その典型がITに関する知識や生産管理に関する知識の習得である。Ⅱ章の例に挙げたように食品製造業のITの使いこなしについては他の製造業より遅れているように思う。このような状況はそもそも食品企業の平均的なITリテラシー（識字率）が低いことが原因であると言っても過言ではない。もちろんITに関する事だけではないが食品製造業の生産性を向上するには、組織を構成する一人一人が意欲と能力を向上する事が必要となる。生産性を向上するには組織のメンバーが意欲を持っ

て能力を向上し、力を合わせて組織資産を増大させることによって生産効率を上げていくことに尽きると思う。

　企業により企業の持つ強みや弱みは異なる。Ⅱ章に食品企業の一般的な組織資産に関する弱みを取り上げた。これらの項目を自社の現状と照らし合わせて企業に地力を付けて頂き、生産性を向上することで企業を繁栄させ従業員の平均給与が増額をされんことを期待したい。食品製造業の生産性向上は、その産業規模の大きさからみて日本経済に貢献することにもなるのである。

　また食品製造業の皆さんはよく言えば謙虚な方が多いと思う。例えば貴方の担当は何ですかと聞くと「○○をさせて頂いています」と言うような表現をされる方に時々遭遇する。もちろん特定の企業の話ではない。本当に多くの企業でそのような表現の傾向が見られる。他の産業に比較して相対的にはこのような人は食品製造業には多いと思う。もちろん「してやっている」といった尊大な言い方はよくないが、余りに遜った表現にも問題があると思う。

　著者の経験した電機製造業やIT企業ではそのような表現をする人にほとんど会った事はない。「担当は○○です」で良いのではないだろうか。このように余りに周囲を気にしていると自由な発想は出にくいし、企業の風土が知らず知らずのうちに場合によっては従業員を抑圧し、このような従業員の表現は結果としてその積極性を奪っているのかもしれないのである。企業の発展には従業員の自由な発想と積極性は欠くことのできない条件なのではないだろうか。

第Ⅲ章　意識を変えることでムダをなくして生産性を向上させる

これでできる！　対策4
トヨタ生産方式は職場の組織資産作りのお手本

　既に述べたように経済成長を具現化する成長会計では全要素生産性（TFP）の寄与が先進国において大きな役割を持つことが認識されている。全要素生産性の要素の中で組織資産は大きな部分を占めており、この部分の形成が遅れたために食品製造業は他の製造業と比べて低い生産性を示すことになったのではないかと著者は考えている。実際食品製造業は製造業の中で極めて低い全要素生産性を長期に渡って統計的に示しているし、ITリテラシーやトヨタ生産方式の活用などは他の製造業に比して低調である。

　食品企業が生産性を上げ収益を上げるには、企業内の組織資産の蓄積が重要なことは何度も述べてきた。組織資産は財務諸表に載らない目に見えない無形資産であり、組織資産の本質は経営者や従業員の意識や知恵や知識の蓄積によって成立しているのである。即ち組織資産とは組織を構成する経営者や従業員の組織としての能力や、集団的な知識や能力やモラルやモチベーション等を統合したものだとも言える。そうだとすれば企業組織（集団）の持つ組織資産は事業を遂行する能力そのものだとも言えるであろう。

　例えば工場の生産性を上げようとした場合に、生産性を向上しようという意欲やモラル、生産性向上のための生産に関する知識、トレーニングによる技術の向上と共に、皆で成し遂げようとする協力心などメンタルな要素も含まれるはずである。そのような意味において工場での改善などに力を合わせて取り組む、小集団活動を通じてチームワークを育成する事は、組織資産を形成する意味でも有効な方策であるはずだ。これも著者が食品製造業に小集団活動への取り組みを勧める理由なのである。

組織資産を増強するためには、このように従業員の能力やモチベーションの向上が鍵になるのである。従業員の労働の質を上げるには有能な従業員の採用やその定着が必須なので、有能な社員の採用や定着のためには給与等の労働条件の改善が必要になることは当然であろう。このように労働条件や職場風土の改善によって有能な社員の採用や定着を促進するには、企業発展の為に従業員の能力向上の必要性に対する経営者の意識の改革こそがまず必要になる。

　多くの食品企業の経営者はミクロの問題に忙殺されている事を前に述べたが、従業員の質（能力）を上げることができれば食品企業経営者は、食品衛生などのミクロの問題から解放されマクロの経営課題に取り組むことができるはずだ。そのことで食品企業経営者は以前よりも戦略的な経営に取り組むことが可能になるはずである。そこで経営者にとって取り組むべき企業力低下の課題とは何か、その中で何から取り組むべきかを判断する能力が経営者には必要になるのである。

　先進国においては経済成長の要因の大部分は全要素生産性の寄与に寄ることは経済学の中で広く認められており、食品製造業の生産性が低い事と全要素生産性が低い事とが関係ないと言えないことは理解して頂けたと思う。このような事から食品製造業の生産性を向上する為には、食品企業は組織資産増強による全要素生産性向上に努める必要があるはずだ。全要素生産性を向上する為には、それぞれの企業において不足している組織資産増強に努力しなければならない。生産性を向上するためには、例えばトヨタ生産方式の導入や小集団活動などを活用して組織資産を増やしていくことも一つの方法であると著者は考えている。

　トヨタ生産方式で用いられる用語の中には、組織資産を向上させる為に役立つ金言が多く含まれている。もちろんトヨタ生産方式にはかんばん方式やあんどん方式などの工場運営の方法論も多くあるが、重要なのはその背後にあるものの考え方や哲学なのである。トヨタ生産方式の考え方や哲学は、組織資産の増強に極めて有効であると著者は考えてい

る。
　自動車・電機といった多くの輸出産業がトヨタ生産方式などの新しい考えで生産に取り組み生産性を向上していったのに反して、前述のQCサークル・提案制度の実施状況の調査に見られるように、食品製造業はこれらの仕組みを表面的には取り組んだ企業もあるものの、経営者の意識や従業員の能力不足（労働の質）が祟って、食品製造業はトヨタ生産方式などの新しい考えを、うまく使いこなすことができなかったのではないだろうか。このような理由で他の製造業に比べて食品製造業は生産性の向上ができなかったと考えることができるのではないだろうか。
　ここでトヨタ生産方式（システム）とは何かをもう一度振り返って見よう。トヨタ生産システムはシステムとは呼ばれるが、実際特定の大掛かりな機械的なシステム（装置）があるわけでもない。またあんどんやかんばん等の多くのキーワードが有名で、かつ一般的には注目されているが、これこそがトヨタ生産システムだと言えるような具体的なものがあるわけではない。
　トヨタ生産方式の生みの親である大野耐一氏が言っているように「売れる物を売れるだけどうやって安く作るか、そのためにいろいろな仕事のやり方を皆で考えて行く事」こそ、まさにトヨタ生産方式なのである。「皆で」という言葉が入っているように即ちトヨタ生産方式は、職場の皆で職場という組織のあらゆるムダを省いて、生産性を上げるために組織の能力を粘り強く上げて行くための手法だとも言える。すなわちトヨタ生産方式とは職場のムダを省いて生産能力を増強するために、職場の組織（無形）資産作りを根底にした生産性改善活動の集大成とも言えるのではないだろうか。
　トヨタ生産システムというのは職場の全要素生産性を上げるために、組織資産を増強する極めて具体的・実践的方法のシステムなのである。しかし著者はトヨタ生産方式だけに特にこだわっているものではない。どのような手法や方法でも構わないと思っている。いずれの方法でも構

わないが、職場の組織資産を築き上げて食品工場の生産性を向上して頂きたいと思っている。その中で一つの手筈としてトヨタ生産方式を活用するのも良い方法ではないだろうか。

トヨタ生産方式の考え方の素晴らしい点は、あんどん方式に見られるように工場における問題を顕在化させる仕組みを持っているところである。物事には原因とそれにまつわる結果（現象）である因果関係があるはずだ。例えば生産性が低い現状を嘆いても仕方ない。それよりその現在の状況を引き起こした原因を潰す（改善）ことこそが何よりも大切なはずである。改善を行うにはその原因にまず気付くことが必須になる。

改善の為にトヨタ生産方式では生産の中で生産を阻害する問題点を次々に発見し、その問題を改善すればまた次の問題と次々と発見し次々と改善にできるように、具体的にはあんどん方式のような問題の顕在化の仕組みを持っているのである。このような問題の顕在化と問題の改善に結びつく考え方と、それを実現する仕組みを食品工場にも取り入れる事が絶対に必要だと信じているのである。

＊トヨタ生産方式については拙著「食品工場のトヨタ生産方式」を参考のこと

これでできる！ 対策5
食品製造業の自覚しなければならない点

　低迷している食品製造業の現状を変えるには、現在の食品製造業を形成している何かを変えなければならない。何でもそうだが物事の状況を変化させるには、それに影響を与える要素を変える必要がある。食品製造業の生産性を向上させるためには、食品製造業を取り巻く外部環境が変わるか、食品製造業の内部条件を変えなければならないはずだ。外部環境は一般的に簡単には変えることはできないから、我々はもっぱら内部条件を変えることに努力することしかできない。

　すなわち食品製造業の内部に潜む生産性低下に及ぼす原因を取り除くかあるいは改善しなければならないのである。もちろんトヨタ生産方式で「なぜなぜの5回繰り返し」というように目の前の問題の真因が即座に見つかるわけではない。真因が見つかるまで辛抱強く繰り返し問題に取り組まなければならないのである。

　食品製造業の現状を打破し生産性を向上するためには、食品製造業は内部環境の何れを変えねばならないのだろうか。なくて七癖とか言うが、社会、組織や人には当事者には気付かない思考や行動のパターンに陥っていることがある。例えば多くの人々の集合体である国民の考え方や行動はある事象に対しての対応が国民により異なり、他国民から見ればある種パターン化されているように見える。それは国民性と呼ばれることもある。

　国民性のような集団の特性が組織にとって強みになることもあり、何とかイムズとかと呼ばれ会社など集団の強みになっていることもある。もちろん反対に弱みになる場合もあるはずである。例えば何処どこの国民は勤勉だとか、何処どこの国民は陽気だというような外部からの評価がそうだと思う。すなわち当事者が気付かない価値観や思考パターンが

その集団の行動様式や考え方に影響を及ぼし、これがその集団の長所や短所になっているのである。

食品製造業という社会集団にも他の集団と同様に、昔から引き継いできている一種の思考パターンや行動様式が当然あり、それが食品製造業の生産性向上を阻害しているのではないかと著者は考えている。もちろんそれらの特性や思考や行動パターンは沢山あり、生産性に影響を与える要件の中にも大きなものも小さなものもいろいろとあるはずだ。ここでは著者が考える食品製造業の生産性の低迷に影響を与えてきた食品製造業の特性のいくつかを取り上げてみたい。

例えば「鯖を読む」、「どんぶり勘定」、「誤摩（胡麻）かす」などに見られるような曖昧な算定を示すたとえ話は食品関連に多い。食品製造業はもともと計数管理の曖昧な業界ではなかったのではなかろうか。明治時代のお雇い外国人の導入もほとんどなく、第２次世界大戦後の昭和の遣唐使の食品製造業からの派遣も少ないことも影響してか、もともと工場管理に計数的な工業経営に取り組んでこなかった体質の上に、昭和の遣唐使などへの参加が無かったために海外からのマネジメントの導入が無かったことで、かつての体質がそのまま残ってしまったのかもしれない。

このような経緯が影響してか管理職に管理会計的な発想で工場経営をするように促しても、現場の作業者が生産データすら記録することすらまともにできない工場が多い現状がある。実際食品工場に生産状況を反映する数字として生産性（一人当たり付加価値額）の活用をしようとしても、その前に基礎的なデータの採取が難しかったり、生産性そのものの理解に時間が掛ってしまったりする事が現実なのである。

また同族経営の多い食品企業のなかには、従業員に経営指数が明らかになるのを嫌うために、生産データを記録することすら嫌う経営者もいる。まだまだ経営者（親方）に遠慮する風土が強く、また近代的な製造業と比較して徒弟制度の遺産のようなものが長く残り、食品工場の中で

はそのような力関係から、いわゆるパワハラのようなものを感じることも少なくない。

　このような風土の表れとして先に挙げた「○○させて頂いています」等の表現が自然と出るのではないだろうか。従業員の心を解き放たなければ自由な発想はできないと思うし、闊達な発想がなければ会社の発展は阻害されてしまうだろう。工場の生産性向上を図るにはある程度経営者は経営をオープンにして、工場の計数管理を行わなければ生産性向上の目標は達成できない。

　このような食品製造業の体質から、目に見える問題を発生させると怒られると従業員は考えてしまい、これを避けるためになるべく目に見えるような支障が発生しないように、工場運営を行う習慣が染み付いてしまった可能性もある。自動車製造業のように生産上の多少の障害を恐れず、問題を発生させながら問題を解決あるいは改善していく体制を作るためには、表面的な現象をもって従業員を叩くことを止めないと、食品製造業の体質は変わらないし生産性も向上しないのではないだろうか。後でも述べるが、このような体質から食品工場では問題ができるだけ表れないような、工場運営を行うようになってしまったのではないかと思う。念の為に申し添えるがもちろんそうではない食品会社も多くある。

　次の問題は労働に含まれる付加価値労働と非付加価値労働の比率の問題である。昔から日本語には「うちの嫁は良く動く」とか、「うちの従業員は良く動く」というような表現がある。しかし動くと働くは同じ意味ではない。動くも働くも確かに動いていることに違いないが、決定的に違うのはただの動くは価値創出を伴う条件はなく、働くには価値創出を伴う必要があり、動作が付加価値の創造につながれば働くことになる。

　このように工場の労働の中にも価値を創出する付加価値労働と価値の創出をしない非付加価値労働がある。しかし付加価値労働であろうと非付加価値労働であろうと、労働時間当たりの給与の支払いは発生してしまう。したがって生産性を向上するには労働に占める、価値の創出のな

い非付加価値労働の比率を下げていく必要がある。

　ところが単に小まめに動くことを評価すれば労働に占める非付加価値労働が自然と増加する。ここでいう非付加価値労働とは必要以上の掃除や意味のない運搬や移動やムダな仕事などである。労働生産性を向上するにはこのように非付加価値労働時間を減少させ、付加価値労働の比率を上げる必要がある。その為にはこの付加価値労働と非付加価値労働との違いを、経営者や管理職はよく理解して峻別する必要がある。

こんな事例も！

　例えば二人で運搬をする場合に同じ方向に運ぶとき、一人で一つずつ荷物を持ち二人で運ぶよりは、そんなに重いものでなければ一人で一度に二つ運ぶようにするとか、荷物を台車で運搬する時に行きは荷物を運ぶが帰りは空荷になっていないか、効率的な運搬をするように配慮をするように従業員を教育する事が必要になる。

こんな事例も！

　ある食品工場にその会社の社長と工場長と一緒に初めて入った時、一人の女性作業者が目に留まった。そこでお二人にその女性作業者の事を訊ねた。すると「さすがに目が高いですね、彼女は当工場のエースですよ」とお二人から褒められた。ところが筆者は「実は彼女が他の作業者の邪魔をばかりしているように見えたのだ」と説明した。

　1か月後その工場を訪問してみると「そう言われて彼女を見ると確かにそうですね」とお二人の彼女に対する評価は前回と全く変わっていた。お二人には小まめに動き回って声を掛けて回っている彼女の行動が、おそらく職場のコミュニケーションを取っているように見えて、その姿が工場のリーダーのように見えたのだろう。まさに動くと働くとの違いを理解いただいたように思えた。動き回る時は作業をしているとは限らないし、この場合は本人だけでなく彼女が行った先の作業者の手が

止まって（止めて）いたのが目に付いたのである。それに移動中の作業者は通常作業ができない事が多いので、作業者の移動はなるべく少なくした方が良いのである。

　非付加価値労働の代表的なものに過剰な運搬や意味のない移動があることは既に述べた。できるだけ運搬や移動は短時間に済ませるようにしなければならない。なぜなら通常移動中や運搬中には、価値の付加を伴うような作業はできないことが多いからである（移動するコンベア上での作業等は除く）。運搬や移動の時間を短縮するためには、移動や運搬の行い易い通路の設置が必要になることは当然である。
　コンサルティングを実施している工場にはもちろん合理的な通路の設置を勧めている。もともと食品工場の多くは適切な通路を設けた工場が少ないのが現状である。通路を設けてないというよりも通路の概念が無く、物を置く位置を決める事を優先して物のない所が通路というように考えているように感じられる。このように食品工場で合理的な通路を新しく設けるのは、食品工場に長い間染み付いた体質のために案外と難しい。
　それでも通路を設置するよう求めると、食品工場では不思議なことに通路の設置に先立ち、どうしても物の置く位置の選定から取り掛かる。物には存在理由がそれぞれあり、そちらを優先すると通路のあちらこちらで細くなったり突出したり広くなったりして、通りやすい通路を引くことができなくなる。そのため食品工場の多くは部分的には一見通路に見えるように描いた線がある場合でも、先に挙げた通路の観点で引かれた本来の通路の線ではないために、描かれた線は途中で消えたり曖昧になったりする場合が多いのである。
　合理的な通路を設置するにはまず使いやすい通路を確保し、その後に物を設置した方が効率的な配置により効率的な通路ができるのだが、多くの食品工場の従業員の皆さんにはそのような発想がないようである。

合理的で効率的な通路の確保は、食品工場の生産性を向上するために絶対に必要な要件であることを忘れてはならない。食品工場は通路に関する考え方を変える必要がある。

著者が考える食品工場の体質の中で、何といっても問題なものは前述のとおりなるべく問題が表面化しないように、食品工場を運営する体質である。問題が顕在化することを意識的であれ無意識であれ隠そうとしているのである。その例をいくつか例を挙げてみたいと思う。

> こんな事例も！

一つ目はかつて年商数百億円のある中堅の食品企業で製造関連の取締役を含む幹部社員を集めて勉強会をしていた時、一人の生産担当の役員が「うちの常務は思いやりがあるので生産が予定より早く終了すると我々を褒めてくれる」と常務のご機嫌とりを言ったことがあった。

この工場のように実績が予定よりも早く終わるような状態は、自動車製造や電機製造等の他の製造業では計画が甘いと判断され、次回からは生産速度（ピッチ）を上げ予定（計画）時間を繰り上げるのだが、食品製造業ではお互いに良かったと納得し、上司もその苦労を褒めるわけである。これでは生産性は向上するはずはなく、現場は褒めてもらうために次からは確実に実行できる予定を作成しそれを実行するので、何時まで経っても食品工場の生産性は向上するどころか場合によっては生産性が低下する恐れさえある。

> こんな事例も！

もっと驚くような例にも遭遇した。その工場ではずっと以前は生産計画ソフトが入っていたようだが、著者が訪れた当時はそのソフトはうまく動かなかったために使用されていなかった。そのソフトの考えの中に整流という概念があったためだろうか、ソフトを使用せずに手書きで作

成していた生産計画（生産スケジュール）表をその工場では整流表と呼んでいた。

トヨタ生産方式の中に整流の考えがあり、乱れがちな生産の流れを規則正しく円滑に行うことはもちろん良いことだが、この工場ではなぜか予定外のトラブルが起きても、予定した時間内に生産を終わらせることができるように、整流表に事前に時間的な余裕を設けており、とにかく予定時間内に生産を終わらせる事を最優先するように、生産時間に保険を掛けて工場を運営していたのである。

たとえ多少のトラブルが起きても、計画時間内に生産できる計画（整流表）を作成していたのである。計画生産終了時間に遅れると社内で問題になるから、事前に作成する計画生産時間にゆとりを持たせ、遅れることがないようにしているわけである。正しい標準作業で行う作業時間よりも、はるかに遅い（ゆとりのある）時間が予定時間として設定してあるのである。このようなゆとりのある計画では作業の問題点も見つからないし、当然問題がなければ改善も行われないのでこのような工場では生産性の向上は期待できないのは当然である。

この二つの工場は仮にトラブルが発生しても予定通り、あるいは予定よりも早く終わる食品工場の典型だが、このような考え方の中核は日常の生産活動で問題を発生させないことを最大の目標にし、そのために問題が起きないように配慮（いわゆる計画上の時間の保険）をしておくわけである。工場のメイクスパン（稼働時間）が長くなれば、作業者の勤務時間が延長され、当然作業者一人当たり時間当たりの付加価値金額が下がり、生産性が低くなるという理解も意識も経営者にも管理者にもないのであろうか。

> **こんな事例も！**

　勤務時間に関しては一つの根深い深因がある。それは給与水準の低さから来るものだ。即ち残業手当を生活給として従業員が期待しているので、一定の残業時間を生活の為に確保しなければならないと、作業者のみならず管理職も考えているのである。実際に監督者の中から「あのパートさんは今月○○時間しか残業していないから、あと何時間残業させてあげなければならない」というような発言を聞いたことがある。これはこの監督職の部下に対する思いやりから出た言葉であろうが、管理監督者としてこのような言動は工場経営の側面からはいかがなものであろうか。

　このように書くとこれは極端な例で、我社の工場はそんなことはないと反論される方もおられると思う。工場により名称が異なると思うが製造日報、生産日報、作業日報、現場報告などと呼ばれる製造現場の報告書に改めて目を通して頂きたい。大抵書式の下の記入欄があると思うが、そこに「異常なし」、「問題なし」などと連日記入されていないだろうか。仮にそれ以外のことが書いてあったとしても、せいぜい機械が故障した時か、事故が発生したなど書かざるを得ないような明らかな事象が多いのではないだろうか。このような現象から食品工場の運用の最大の目標あるいは意識は、生産性向上よりも工場で目に見えるトラブル（問題）が発生しないことにあるように思えてならない。

　これに反して、例えばトヨタ生産方式では如何に問題を発見するかに重点が置かれている。その典型として「過剰が問題を覆い尽くす」と表現している。在庫過剰や人員の過剰・設備過剰などの過剰が問題を見えなくしていると過剰を戒めている。もちろんゆとりのある生産計画も典型的な過剰の一つである。このように問題をなるべく見えないように生産する食品工場と、生産上の問題をできるだけ露わにしようとするトヨタ方式を取りいれた工場には違いがあり、これが両者の生産性の違いと

なって表れてきていると著者は考えている。明らかな異常やあるべき（標準作業）状態に到達していないことを原因解明の課題とし、これらを解決或はより良い方向に導くことこそが現場改善なのである。

即ち改善を行うためには解決すべき問題が存在することが絶対に必要であり、問題が発生しないように余裕をもって運営されている工場では、改善につながる問題が発見しがたいからこそ問題なのである。この部分こそが過剰による問題の発現の阻害を避けるために運営している工場と、隠れている問題が顕在化するようにできるだけ少ない生産リソースで運営している工場とのまさに違いなのである。問題は改善の糧であり、だからこそ問題は顕在化することにより工場の宝になるのである。問題の発見は改善を誘導することで宝につながり、発見されない問題は気付くことのない生産性向上の阻害要因以外の何物でもないのである。

こんな事例も！

このような例もあった。ある工場では生産補助具が必要量の7割しかなく、あるべき生産速度で生産するとその生産補助具が生産中に不足するためにラインストップが常態化していた。そこで生産速度を7割に落として生産すると生産補助具の循環と生産速度が合致するようになり、一見工場は円滑に動いているように見えるようにして生産をしていた。もちろんここで管理会計的な管理が行われていればすぐに発見されるはずであるが、このように一見工場が問題なく稼働しているように見せかけるために努力している工場も案外と存在するのである。このような工場では問題の発見はなかなか難しい。

この工場では生産性の維持・向上よりも問題（生産補助具が不足して生産が何度も停止し円滑でない状態になる）を露わにしないようにし、生産が円滑であるように上司に見えるようにする事の方が、現場監督者にとって最重要視されているわけである。ライン停止をすれば誰でも直

ぐに問題発生はわかるが、生産速度が遅くとも円滑に生産されているように見える場合は、タクトタイムや単位時間当たりの生産量などの管理会計的な手法を用いなければ、合理的な生産速度で生産されているか否かは発見しにくいのである。

　このような例は数限りなくあるのではないか、なぜこのようなことが起きるかを考えると、例えば経営者が生産補助具が足りずに生産性が低下している問題の本質よりも、その補助具を誰が壊したのかの方を問題にするなど、感情的な結末に至ることがかつてあった事がその原因なのかもしれない。このような結末に反応して管理監督職が問題に対処する時に、問題が見えないようにすることが一番良いことだと考えて行動を起こしてしまう可能性もある。

　このような現象は経営者や管理職の行動や言動に対する、従業員の負の学習効果なのかもしれない。このようなことを起こさないようにするには、経営者や管理職は問題が発生する事によってこそ、生産性が向上できることを真に理解しなければならない。表面的現象を問題とする経営者の間違った認識を排除しない限りは、食品製造業の生産性は向上しないのではないかと思う。生産性向上のためには生産に関わる小さな波風は必ず必要であり、それによって生産性が向上する事を忘れてはならない。問題こそが工場の宝である。多くの食品工場はその宝をみすみす見失っているように思えてならない。

第 IV 章

食品工場の ムダをなくして 生産性を向上させる

前述のように日本の食品製造業の生産性は残念なことに製造業平均の約60％しかない。食品製造業は従事者数で僅か7～8％の素材型食品製造業と残りの大半の従事者が勤務する加工型食品製造業から成り立っているが、素材型食品製造業をはじめとする高生産性の食品製造業の従業員数の構成比率は低いにも関わらずその影響は大きく、高生産性食品製造業の生産性は製造業平均の実に150％もあるために、高生産性食品製造業の寄与分を差し引くと、低生産性である加工型食品製造業の生産性は製造業平均の約50％しかない事になってしまう。食品製造業従事者の過半が生産性の低い加工型食品製造業に勤務しているために、加工型食品製造業の従事者は前述のような低い労働生産性で勤務し、結果として心ならずも相当に低い平均給与に甘んじざるを得ないのである。

第Ⅰ章に述べたように、産業別の平均給与とその産業の生産性には高い相関があるので、食品製造業の従事者の平均給与を上げるには過半の労働者が勤務する加工型食品製造業の生産性をとにかく向上しなければならない。製造業平均の50％程しかない低生産性の加工型食品製造業の従事者の給与を製造業平均の給与額に近づける為には、加工型食品製造業の生産性を製造業平均の生産性と同等にするしかない。即ち現在の加工型食品製造業の生産性を2倍にする必要があることは自明である。このような提案に対して、ほとんどの方が反射的にそれは不可能だと思われるに違いないが、それは本当に全く不可能だろうか。低生産性食品製造業の生産性倍増の可能性についてこの章では検討してみたい。

著者は、これまでコンサルティングを実施させて頂いてきた幾つもの低生産性の食品工場において、2年間程度で生産性を約20％向上させてきた実績があるし、大抵の食品工場に対してそれくらいの生産性向上させる事には自信がある。また著者がコンサルティングを実施してきた多くの工場では、コンサルティング期間中に従業員に生産性向上マインドが定着し、コンサルティング終了後にも従業員自身によって継続的に改善活動が実施されていたようで、その結果として工場の生産性が向上

し、2年で5～6％程度向上しているとの報告を受けている。

　製造業の平均を100％としてそれに対する加工型食品製造業の生産性を50％と換算すると、加工型食品製造業の生産性を約20％向上させることは約10％の向上になり、それを製造業平均に置き換えた50％に加算すると結果として約60％となる。その後の約2年間の従業員による継続した改善は5～6％なり年率に換算すると1.25～1.5％／年に相当する。この従業員による改善を10年間続ければ約12.5～15％の生産性の向上になる。最初の2年間の生産性の向上との合計で約72.5～75％の生産性になる。この場合の生産性向上の中身はほとんどが作業の改善によるものである。即ちこれはトヨタ生産方式で言うムダの解消や過剰の解消などの、生産現場の改善による生産性の向上に相当するものである。

　著者は企業での管理・監督者の勉強会の折に、参加者の皆さんに「テレビのニュースや何かで自動車や電機の工場の様子を見たことはありませんか」と問いかけると、もちろん「ほとんどの参加者は見たことがある」と答える。そこで「それらの工場と皆さんの食品工場との違いについてどのように考えますか」と追加の質問をする事にしている。それに対して皆さんは「自動車や電機の工場と比べると我々の工場にはムダがまだまだ沢山残っているように感じる」とほとんどの場合答えが返ってくる。

　このように食品工場の視点からだけでなく他の産業の視点から、工場を見るように意識を変えてもらっている。なぜならある程度の改善の実行を行なった食品工場の生産現場だけ見ると改善の限界に既に達しているように見えるので、そこからの生産性向上は精神的にかなり難しくなってしまう。人は目に付く見つけ易く実施しやすい所から通常改善して行く傾向があるので、残っている部分の改善は初めの頃より見つけ難く実施しにくくなってしまうので、改善は一層難しくなるからである。しかし上の例を待つまでもなく生産性の高い先端的な工場と比較すると、食品工場にはまだまだ改善すべき箇所が多く残っている事に気付か

されるのである。

　このような話をした後に製造業平均の50％しかない自分の勤める食品工場の生産性を現在の1.5倍、即ち製造業の平均の75％まで向上できないでしょうかと尋ねると、多くの参加者は「できそうな気がする」と答えてくれる。著者の経験からは比較的容易に≒10％分の生産性向上は達成でき、その時点で60％程度には届いているのだから、残り15％足らずの生産性を全員で力を合わせて向上すれば良いわけだ。例えば年に1.5％ずつ生産性を向上すれば10年で15％の向上になり、合わせれば75％に向上できるはずである。

　このような生産性向上の実現の為には例えばトヨタ生産方式の考えを基に、生産上の問題を次々と顕在化するあんどん方式*のような仕組みが必要になる。生産現場にある問題を顕在化したうえで現れた問題に対策を打ち改善を続けて行けば、この現状の生産性の50％アップの目標（製造業平均比75％）は恐らく10年も掛からずに達成できる可能性は十分にあるはずだ。

　多くの食品工場の現場では昨日と同じ今日、今日と同じ明日を望む習慣が染み付いているので、仕事のやり方を変えるには従業員の抵抗がある場合が多いが、上のような考え方に変えれば生産性を向上する事ができるのである。世界に誇る日本の自動車製造業と言えども1、2年でここまで生産性を上げたわけではなく、数十年をかけて徐々に生産性を向上して来たのである。食品製造業とて同じであろう。一朝一夕で急に生産性を1.5倍にすることはできないが、食品製造業でもある程度の時間を掛ければ生産性の向上は可能であろう。

　いわゆるムダの解消を実行することで、製造業平均比75％まで加工型食品製造業の生産性を向上できれば、製造業の平均の生産性100％の水準に到達するには残りの生産性向上分は25％となる。残りの分にはこれまでのムダの排除のような積み上げる段階的な改善ではなく、ある程度革新的な方策を取る必要があると思っている。著者が多くの食品工

場を指導してきた経験から、実行してきた多くのムダの解消や作業の改善のほかに、食品工場には食品工場の皆さんの気付いていない共通する構造的欠陥が幾つか存在しているからである。

一つ目は先端的な製造業ではほとんど機械装置に置き換わっている、単純な作業、例えば並べ替え（整列）等を今なお食品工場では作業者（人間）が行っている事実である。二つ目は食品工場に多くある手押し台車に見られるように、非付加価値作業である運搬作業を人力に頼り過ぎている点である。三つ目は短納期の多品種少量生産では難しい面も多々あるが、食品製造業では納期優先のスケジュールで生産されており、効率的な生産順や労働量の配置組合せなどが余り考慮されていない、非効率な生産スケジュールで食品の生産が行われている点である。

いわゆるムダの他にこれらの三つの問題点が食品製造業の生産性を低下させている大きな要因だと考えている。もちろんそれぞれについて食品製造業ならではのそうしなければならない原因や理由があることも承知しているが、それでもこれらの点は食品工場において改善を図るべき残された重要なポイントであることは間違いない。

＊あんどん方式：トヨタ生産方式の自働化の考えを作業者で構成されたラインに応用したものでラインの問題点を弱い所から顕わにして、顕在化した問題点を改善しながら生産性を向上して行く仕組みである。詳しくは拙著「食品工場のトヨタ生産方式」を参照のこと。

これでできる！　対策6
労働のムダ解消による生産性改善

　生産性を向上する上で参考になる例を次に挙げてみたい。第2次大戦前後には日本とアメリカの自動車産業の生産性との間には実は9倍の開きがあると認識されていた。すなわちアメリカ人が一人で行う仕事量を日本人は9人も掛かっておこなっていたのである。即ち当時は日本の自動車製造業の生産性はアメリカの自動車製造業の生産性の1/9しか無かったのである。

　それでもトヨタでは「アメリカ人の労働者が体力的に日本人の労働者が9倍の力を出しているわけでもあるまい」と考えたのである。9倍の生産性の差があるにも関わらず、トヨタはそのような考えで改善に邁進してきたことによって、日本の自動車産業の生産性はアメリカの自動車産業に比較して、現在では何と同等あるいはそれ以上の生産性を誇っている。この事実は生産性向上に対するトヨタの意思の強さを示すものであり、生産性向上には意思の強さ、場合によっては執念のようなものが必要である事を示していると思う。

　本書では食品製造業の生産性を現状のたったの2倍にする提案をしているわけで、かつての自動車産業が挑んだ9倍の差に比べたらこの提案は小さなチャレンジに過ぎない。食品製造業の生産性を上げ従事者の平均給与を上げる為にも、この程度の生産性向上は必ずやり遂げねばならない。それによって企業は収益性を上げ従業員の給与を増額することができるし、生産性向上で生じた余剰の雇用を他の産業に移転することにより、人手不足の産業にも労働力を移動することができる。それによって日本の労働力不足に貢献できるはずである。

　また地方に多く存在する食品工場が生産性を上げ収益を増加させて、従業員の給与を増やすことになれば地方の雇用条件や購買力を増すこと

になり、これよって地方経済の復活を促すことができる。それが地方経済の復活、ひいては日本全体の経済の振興を促すことにもつながるであろう。日本最大の従業員数をほこる食品製造業の生産性の向上はこのように日本経済の発展にとって極めて重要なのである。

　トヨタでは工場内にあるムダを①作り過ぎのムダ、②手待ちのムダ、③運搬のムダ、④加工そのもののムダ、⑤在庫のムダ、⑥動作のムダ、⑦不良を作るムダを七つのムダと呼んでおり、これらのムダを解消する手段としてのトヨタ生産方式は「徹底したムダ排除の方式」であるとも言っている。このように生産性の向上のためにムダの排除が如何に必要であるかがわかる。

　それでは工場に存在するムダの排除をどのようにして成し遂げるかであるが、ムダ解消の最大のエンジンは何と言っても工場に存在する問題の顕在化（見える化）である。何度も述べてきたように残念ながら多くの食品工場では自覚はないのであろうが、無意識に問題が起き（現れ）ないように生産を行っている。したがって多くの食品工場では問題を顕在化させない、差し障りのない生産のやり方をまず改めなければならないのである。生産性を向上させるためには障害になっている問題を改善しなければならないし、そのためには問題が次々と顕在化するような仕組みを獲り入れる必要がある。

　食品工場の問題点を顕在化させるために、まず行わなければならないことは個人完結型の作業*を可能な限り排除しなければならないことである。自分の工場にはそのような作業はないと反論される方もおられるであろう。しかし案外と個人完結型作業は食品工場の中に潜んでいる事が多い。例えば本ラインにはなくても食品工場のサブラインや特に事前の準備作業などには、個人完結型作業が多く存在しているはずだ。このような観点で工場中を全員で見渡して見たらいかがであろうか。

　それでは個人完結型作業がなぜ非能率なのかと言えば、生産ラインを使用した流れ作業に比べて、個人完結作業は一人で多くの作業要素を含

む作業を行うために、ワークや道具や治具などの持ち替えなどの動作が頻繁に発生し作業に余分な時間を要する。また一人で多段階の工程をこなすために、作業が断続的になりがちでワークの山積み山崩しが生じ易く、番重やコンテナ等の切り替えしや積み替えなどの余分な作業が増加する傾向にある。このような状態に加えて一人で作業するために、作業速度が個人のペースで行われることになり作業速度が低下しがちで、ラインの流れ作業に見られるような作業の同期がなく、作業効率が確認しづらいために作業の進捗が曖昧に成りがちだからである。これ等の原因で個人完結作業は相対的に作業の能率が低くなりがちである。

　このような弊害を防ぐためには、作業に流れを作ることによって作業から停滞のムダを除き、作業の標準化を推進する事で作業のタクトタイムを明確に定め、もしも生産速度が落ちた場合には生産の流れのどこで生産が滞っているかわかり易くすることによって、隠れている問題を掴みやすくしなければならない。隠れている問題を解決することによって次々と生産性を向上して行くのである。

　かつてトヨタがアメリカ自動車産業との生産性の9倍の差に怯まず、強い意志で生産性向上に立ち向かったように、日本の食品製造業も製造業平均との較差に怯まずに生産性の向上に立ち向かわねばならない。その為にはまず食品工場に蔓延する事なかれ（問題が現れないように工場を運営すること）主義の工場運営から、毎日新しい課題を発生させるような仕組みを導入して次々とその問題を見つけ、これを辛抱強く改善解決しながら昨日より今日、今日より明日というようにより高い生産性を上げる意識の高い、革新的意欲に溢れる工場にしなければならない。

　ここでまず勘違いしないでいただきたいことは、従業員に対して無理やり労働強化を行うのではないことである。実際工場にはたくさんのムダ・ムリ・ムラがある。これらのムダ等を取り除き作業を改善すること

＊個人完結型作業：いくつかの作業要素から構成される連続した一連の作業を1人で行う作業状態

により作業を行い易くし、その結果作業の効率を上げて行くことこそ大切なわけである。トヨタでは過剰は問題を覆い隠すという考え方があり、ムダとは必要のないあるいは過剰なものであり、これらが問題を隠していると考えているのである。

　そのようなムダを無くすべく問題を見つけ易くし、見つけた問題を解決、改善することで生産性を向上して行くわけである。このように生産性を向上すると言っても、決して無理やり作業速度を上げて生産性を上げようという事ではなく、ムダを無くし過剰を少なくしていくことにより問題を見つけて、これに対策を施して生産性を上げて行く事を是非理解していただきたいと思う。

これでできる！　対策7
効率の悪いムダな作業の抜本改善

　図表Ⅳ-1はお菓子の箱詰めを個人完結型で行っている様子である。この図では作業者がそれぞれのテンポで座った状態で作業を行っている。このような作業では作業のリズムが不安定で何処に問題点があるのか見えづらいが、図Ⅳ-2では同じ作業内容をコンベア使用によって流れ作業にしたものであり、こちらではどこで遅れが生じているか、即ち問題の発生状態が物（ワーク）の滞留などによって一目でわかるのである。

　このように一連の生産をライン化すると、連続する作業の中でのボトルネックや問題点が、作業のステーションごとの個々の作業の進捗度合い（作業遅れや仕掛品の滞留）によって非常に発見し易くなるし、コンベアの速度とコンベア上のマーキングにより、標準化した作業のタクト規制が行われる事で安定した作業が実現できるのである。大きな作業遅れ即ちボトルネックになっている工程*は一目でわかるようになる。生産性の向上はこのように作業を標準化し、タクトタイムに合わせた流れ化を行う事によって、生産量は制御され、またタクトタイムに合わせた

図表Ⅳ-1 個人完結型箱詰め作業

図表Ⅳ-2　コンベアによる流れ箱詰作業

生産の障害は発見し易くなる。発見された障害に適切な対策を行い、障害状態を改善する事によって生産性を向上する事ができる。

> **こんな事例も！**

　このように効率的な生産には円滑な生産の流れが必要であるが、円滑な生産の流れに反する生産状態は断続生産の状態である。断続生産とはワークが団子状になり、断続的な流れになった脈流生産である。図表Ⅳ-3では仕掛品がプラコン（プラスティックコンテナ）の山となって工場の床を埋めている。このような状態では作業者は生産を進めるために、山積みと山崩しとプラコンの移動作業を繰り返すことになる。非付加価値作業が増加することにより作業負荷が増加し、作業者は非付加価値作業に時間を取られることになる。即ち本質的な付加価値作業である加工作業の他に、作業者はプラコンの積み上げ、積み降ろしや差替え等の消費者にとってのなんらの価値を生み出さない、非付加価値作業を強いられることになり生産性は低下するのである。

　このように作業の中には、製品に価値を与える付加価値作業と製品に直接価値を与えない非付加価値作業があるが、ここにあるように製品をプラコンに入れたり出したり、あるいはプラコンを積んだり崩したりの作業は製品に追加の価値を与えない非付加価値作業である。生産性を向上するには、ここに示したような非付加価値作業の比率を如何に下げるかが作業効率向上の鍵の一つになる。
　図表Ⅳ-4では本来一つずつ流れるはずのワークが一塊の団子状になっている。ワークは断続的な脈流となって作業の負荷変動の大きな非効率に流れになる。即ち仕事の負荷量が一定せず変動するために円滑な

＊ボトルネック工程：生産工程中の生産性を妨げる工程のことで作業効率（処理能力）の低い工程（作業）を言う。全工程における隘路（bottleneck）でライン全体の生産速度に決定的に影響する。
＊ワーク：生産途上の製品や仕掛品等の作業の対象物を指す。

図表Ⅳ-3 プラコンの山

図表Ⅳ-4 一塊になったワーク

流れとは言えない状態から、効果的な生産では生産の流れを円滑で一定な流れにしなければならない。このような不安定な作業状態では必要な労働量が時間の経過と共に変動し、作業者の手待ちや手空きが生じ易く、供給された労働力が空費されてしまい生産性は低下する。ところが

① 直列作業　2分
　人：取出 → 検査 → 補正 → 箱入 → 取付 → SW＋　手待ち
　機械：手待ち　　加工

② 一部並列作業　1分20秒
　人：取出 → 取付 → SW → 検査 → 補正 → 箱入　手待ち
　機械：手待ち　加工

③ 並列作業　1分
　人：取出 → 取付 → SW → 検査 → 補正 → 箱入
　機械：加工

図表Ⅳ-5　人と機械の仕事の組み合わせ

多くの食品工場でこのような作業の光景は案外と珍しくない。管理監督者は作業の負荷変動がこのように生産効率を低下させることを忘れてはならないし、同時に生産の円滑な流れを常に意識しなければならない。

　トヨタでは機械が稼働している時に、作業者が手待ちにならないよう図表Ⅳ-5のように機械と作業者の作業の組み合せを進めて効率的な作業を実行している。いくら作業の機械化を進めても機械の稼働中に作業者が遊んでいては何もならない。貴工場でも各工程で機械が作動中に作業者は何をしているか調査してみると、思わぬ手待ちや手空きを発見できるかもしれない。このような地道な活動こそが生産性の向上につながるのである。

　実際機械の動作と作業者の作業の組み合わせによって手待ちは結構生じるものである。例えば図表Ⅳ-6は製パン工場でミキサーの前で手を腰に当て手持無沙汰の手待ち状態の作業者である。機械が動いている間は作業者は手空きになっている。このような作業者の手空きを解消するために、トヨタ生産方式では作業者の生産設備の多台持ちを進めている。食品工場においても例えば実際多くのパン工場のミキサー担当者は多台持ちを実行しており、このような手待ち状態にならないように配慮して生産性の低下を防いでいる。

　手待ちは色々な作業中において発生する。図表Ⅳ-7はトンネルフ

図表Ⅳ-6　仕込作業者の手待ち

リーザーの投入部の魚の並べ作業時の作業者の手待ち状態である。トンネルフリーザーのチェーンコンベアの上に作業者が塩干品のカレイを順番に並べているが、並べられるカレイの体長（実際には重量）の1/2以上のスペースがコンベア上になければ、カレイはコンベアから滑り落ちるので、作業者はコンベア上にカレイが載せられるスペースができるまでは作業を行いたくても作業者は手待ち状態になる。コンベアがカレイの体長の約半分に相当する距離ほど移動する間、すなわち作業時間のほぼ半分の時間、作業者はこのような手待ちの状態になってしまっているのである。

したがってこの写真では作業者を二名配置しているが、二人の作業者の実作業時間は合計しても一人分の作業量しかない。つまり1名の作業者の労働は浪費されている事になる。このように作業を分析する場合はタクトタイムに占める実作業時間を測定してみる必要がある。その結果から作業者の配置を決めなければならない。この写真ではカレイはコンベアの移動方向に対して直角に1列に並べているが、大抵の場合作業者は無意識にこのような並べ方をする。人は直角とか平行などの法則性がある状態だと落ち着くのか、作業者はこのような並べ方を好むようである。

ところが単純に機械的に作業をすれば、次に置かれるカレイはコンベアが移動するために、前に置かれ移動したカレイより手前（作業者の近く）に置かれることになるはずだから、意図的に並べなければこのように決して進行方向に対して直角には並ばないはずである。例えばカレイを片側からから反対側に向かって、コンベアの速度に対して適切なタイミングで並べると、カレイの列はコンベアの速度に応じて傾斜し、並べ終わった時にはコンベアの片側にはカレイの体長だけのスペースが生まれることになる。そのような並べ方をすれば並べた後、直ぐに次のカレイを並べるスペースができているので、作業者は何時でもカレイを並べる事ができるために手待ち時間がなくなり、このようにすればこの作業

でも作業者は一人で十分間に合うのである。

　この例に見られるように、人間は先入観によって見かけ上の直角とか平行に案外ととらわれている。その矛盾した見かけ上の概念に着目して、工場の作業を見直してみると案外と新たな発見があるかもしれない。先入観がこのようなムダな作業を生んでいるとも言える。

　図表Ⅳ-8の作業者はコンベアの進行にしたがって奥側から斜めに並べている。この図では二名の作業者で斜めに並べているのでΛ型に並べられているように見える。このように並べるとコンベアの進行によってコンベア上に常に魚を並べられるためのスペースができるので、この場合には作業者に手待ち時間は発生しない。そのために作業者は慌てずに淡々と作業を進めることができる。

　このように慌てず淡々と行われる作業こそ、実は効率が上がる作業なのである。工場の生産性とは付加価値額（工場出荷額－材料費）を労働時間で除したものであるから、生産性を向上するためには作業を如何に少ない作業時間で遂行するかが生産性向上の条件になる。この例のように非付加価値労働である手待ちや手空きのない作業こそ生産性向上の鍵になるのである。

　図表Ⅳ-7に見られる例のように、工夫次第で一人でできる作業を二人で行っているケースや、二人で行うとバランスが取れる作業を三人で

図表Ⅳ-7 投入の手待ち

図表Ⅳ-8　Λ型並べで手待ちの解消

行っている例など、仕事量と供給労働量のバランスが取れていない作業状態が食品工場では散見される。

一つの例として或る作業が終わった時に作業者が「次は何をしましょうか」と管理者に訊ねに来たケースを考えてみよう。その時その管理者は何と答えるであろうか。食品工場でよく聞くのは「○○ラインにでも入って手伝って下さい」という回答である。もしもその管理者が○○ラインにおいてその時点で作業者が何名不足であることを認識しており、応援に入る人数と不足人数とが合致していれば、その管理者の判断は正しいと言える。しかしそのような例は案外と少ないのではなかろうか。

作業者の質問に対してとにかく余剰になった作業者に次の職場を与えなければならないと目先の課題を優先して、思い付きのように次の職場を指示しただけに過ぎない例など、仕事量と供給労働量のバランスが取れていない作業指示のケースが結構見られるのである。このような事がなぜ起きるかと言えば、管理者に仕事量と労働量のバランスを取らなければならないとの考え方が希薄な事が原因なのではないだろうか。

ラインによる流れ作業の場合は、作業者の過不足は比較的に掌握し易い。労働力の過剰や不足は作業者一人当たりの生産性に大きく影響する。一人完結型作業を集団で行っている場合は、作業速度が不明瞭で全体の作業の進捗は掴みにくく作業者の過不足は判断付きにくい。労働量と仕事量はできるだけ同じでなければならない。そのような事から一人でできる仕事は絶対に一人で行わなければならなし、二人で行うべき仕事は二人で行わなければならない。その為には管理監督者は常に担当部署の仕事量と供給労働量について掌握しておかねばならない。そうすれば次の職場への移動の指示を作業者から突然求められても適切な指示ができるはずである。

これでできる！ 対策 8
材料のムダの削減

　今まで述べてきたように生産性とは　人時生産性＝付加価値額／総労働時間で　付加価値額＊＝売上額－原材料費であるから、人時生産性（付加価値額／人時）を増やすためには、売上額を増やすことあるいは使用する原材料費を低下させるか、総労働時間を減少させなければならない。このように人時生産性を向上するためには、売上を増加する事或いは材料費を減少させて付加価値額を増加させる、あるいは労働時間を削減することによって仕事の価値を上げることに尽きるのである。

　工場における人時労働生産性は、工場出荷額から材料費を減じて得られる付加価値額を労働時間で除して得られるので、生産性を向上するには労働時間が一定の場合は①高価格製品を作って売上を上げる、②材料の利用率を上げ、同じ量の材料でできるだけ大量の製品を作り売上を上げる、③材料を無駄なく使用し、使用量を減じて材料費を減少させる、④安価な材料に変えるか、材料の値下げを要求し材料費を減じる、⑤今まで廃棄していたものを活用するか売って売上を上げるなどの方策が考えられる。

　仮に年間売り上げ（工場出荷額）が10億円で原材料費率が30％だと原材料費は３億円になる。この時10億円の出荷額に対する年間総労働時間が200,000時間だとすると、付加価値額は７億円となり総労働時間で除すると700,000,000÷200,000＝3,500となり人時生産性は3,500円／人時となる。このようにして人時生産性は算出する。そこで仮に作業を改善して労働時間を５％短縮して190,000時間になったとすると、これから人時生産性を産出すると70,000,000÷190,000＝3684.2円となり、人

＊付加価値額：製品又はサービスの価値の中で、自己の企業活動の結果として、新たに付与された価値。(Z8141-1112)

時生産性は184.2円増加、すなわち約5.3％の人時生産性の上昇となるのである。

　また原材料のムダを見直して原材料費を５％削減すると原材料費は285,000,000円となる。すると工場出荷額から材料費を減じた付加価値額は715,000,000円に増加する。これを労働時間200,000時間で割ると人時生産性は3575円となり約2.1％生産性が向上したことと同じ上昇率になる。

　もしも同じ製品出荷額で仮に材料原価率が50％の場合は付加価値額は５億円になる。総労働時間が200,000時間の時、人時生産性は2,500円となる。すなわち同じ製品出荷金額、労働時間でも材料費率が高いと人時生産性は大きく低下する。ところでこの時原材料のムダを見直して５％削減すると475,000,000円となり付加価値額は525,000,000円となる。これを総労働時間200,000時間でわると人時生産性は2625円／人時となり人時生産性はまさに５％伸びたことと同じになる。この例に見られるように、材料原価比の高い製品の工場においては、材料原価の削減は極めて大きな生産性向上につながるのである。

　生産性を考える時、労働生産性という言葉の連想から作業効率のことばかり注目してしまい、材料費については余り考えない事が多いが、生産性の向上のためには常に原材料比率の低下について考えなければならないことがわかる。このように想像以上に原材料費率の生産性への影響は大きく、特に原材料費率の高い製造業においては原材料費率の削減は極めて重要である。原材料費率が高い工場では原材料の購入価格の見直しや利用率の向上、あるいは廃棄率の低下により材料費の削減を行う事によって、結果として労働時間が一定であっても生産性が上がることを忘れてはならない。経営者や管理者はたまには廃棄物置場を覗いたり、産業廃棄物企業からのマニフェスト等書類を確認したりして、原材料の利用状態を確認することは原価管理や生産性向上の面から極めて重要であるし、また環境保全の面からも有効である。

第Ⅳ章　食品工場のムダをなくして生産性を向上させる

> こんな事例も！

　材料費が増大する原因に計量のバラツキ（偏差）と計り込み（過量）を原因とするものもある。例えば図表Ⅳ－9のような弁当の盛り付け時の盛り込み量は自然といつの間にか増加してしまう傾向にある。流れ作業で流れてくる弁当箱に対して作業者は宛がわれた具材を盛り付けていくが、往々にして開発部門が定めた量よりも担当者は多めの量の具材を盛り付けがちである。特に設定した仕切りやカップがやや大きい時はその容積に合わせてだんだんと増加している事が多い。

　適切な量を載せたサンプルを見本としておくとか計量器を手元に準備すると良いが、作業速度によって確認しながらの作業は困難な場合が多いので注意しなければならない。またスパゲッティサラダやはるさめのように長い物や、あんかけのあんのように粘度の高いものなどの盛り付けは技術的にも一定の重量に盛り付ける事は難しい。このような点を意識して製品開発をすることは、作り込み品質の観点からも材料費率の意図しない増加を防ぐことになる。このように盛付量の意図しない増加に留意しながら盛り付け作業を行うことは、予期しない材料費率の増大を抑制することになる。

　プロセス型の食品製造業においては、組立型製造業の始めから一つの

図表Ⅳ－9　弁当盛付

図表Ⅳ－10　冷食食品生地デポジター

物を作るディスクリート*生産と異なり、一捏ね（バッチ）で作った生地を分割する工程が必ず途中の工程で必要となり、製造工程の半ばに分割工程を設けるか、製造工程の終盤の充填包装工程に分割機能を持たせる必要がある。このような工程中の分割機能が内容量のバラツキを発生させる原因となり、それが結果的に過量や減量を発生することになる。これらの分割工程における過量は材料費比率の上昇につながる恐れがあることを忘れてはならない。そのためには慎重な操作に留意しなければならない。

こんな事例も！

① 図表Ⅳ-10のように冷凍食品生地のデポジターの落下状態を見ると生地の量は必ずしも同じではない、すなわち多い物も少ない物もあるはずで製品重量のバラツキにつながる可能性がある。もしも減量のものが発生すると顧客との間で問題になるので、ある程度分割設定容量を増加させねばならなくなる。この時不用意な重量設定は過量の物を作る原因になり材料費率を上昇させる原因になるので、バラツキの分布を十分に配慮して決めなければならない。このように分割重量のバラツキは全体としては使用材料費率の増加につながる原因になりがちである。

② 図表Ⅳ-11はラインコンベア上で分割されたパン生地の上にフィリングが分割されて載せられている様子である。目視ではそれほどの重量差はないように見えるが、実際にはある程度は重量のバラツキは避けられない。もちろんパン生地自体の重量のバラツキもあるが、従来パンはその特性もあり重量に対してはそれほど厳しい要求は無かった。ところがフィリングの重量の減量に対しては顧客からパン生地以上に厳しい要求が有り、フィリング重量については減量は許されない。そのため安易な管理を行うと過量の方向に行きやすい傾向にあ

*ディスクリート（discrete）：分離した、別々の

第Ⅳ章　食品工場のムダをなくして生産性を向上させる

図表Ⅳ-11 フィリングデポジター　　図表Ⅳ-12 手動充填機による分注

る。デポジターの特性を知ったうえで精密な調整が必要になる。
③　図表Ⅳ-12はケーキの生地を手動の充填機で絞っている場面だが、手作業での計量は不安定になりがちな上に、このような生地の内容量は生地の比重の差によって、見かけのボリュームだけでは正確な生地量の判断は難しく、比重が重くなった時には生地重量は増加する傾向にある。ケーキ生地の比重は製品の品質だけでなく材料原価に影響を及ぼす典型的なものであることを忘れてはならない。
④　図表Ⅳ-13に見られるような業務用の食品の重量は、購入者であるメーカーにより減量は受容されないので重量管理は厳しい管理下に置かれている。図表Ⅳ-14のような充填包装機による内容物の重量も不安定なために過量になりがちである。内容物の投入が人により行われる場合は内容物の計量時に重量差が出やすい。特に内容物にある程度の大きさの固形物が混入されていると、固形の内容物が一つ多く入るか入らないかで、重量がかなり変わるので計量誤差が出易く減量の物を出さない為にどうしても過量になり易い事も、他の計量充填作業と共通している。

　このような内容物の充填重量設定はややもすると多めに設定されがちであるので、メーカーによっては計り込み重量を図表Ⅳ-15のように極めて厳格に管理している。材料費比率が上がらないようにするに

図表Ⅳ-13 製袋充填機

図表Ⅳ-14 充填包装機

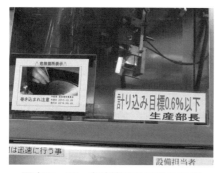
図表Ⅳ-15 充填機の計り込み目標

は、このように計量充填工程も原価管理のみならず生産性の算出においても重要であり注意すべき工程の一つである。

例えばフィリング等を計量する時、完全に目標重量に正確に計り取ることは現場の作業ではほぼ不可能に近い。計量をした集団の平均値からのずれを偏差と呼び、ずれの現れる確率を確率分布と呼ぶ。この分布は平均値の周辺ほど現れる確率が高くなる正規分布をすることが知られている。そのバラツキの状態を示したものが、図表Ⅳ-16の放物線に似たような線で正規分布曲線と呼ばれる。全ての対象物の重量と平均重量の偏差の平均は標準偏差（σ）と呼ばれる。その3倍の距離即ち3σの範

第Ⅳ章　食品工場のムダをなくして生産性を向上させる

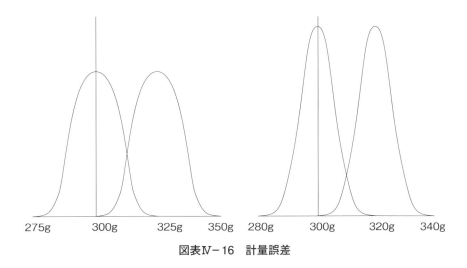

図表Ⅳ-16　計量誤差

囲の中にほとんど（約99.7％）の計量物が含まれることがわかっている。

　食品の計量作業を行う場合、例えばある重量を目標として計量した場合には、左図の目標値であるY軸を中心に左右対称の正規分布曲線になる。即ち目標重量を中心に重量は減量の物と過量の物が正規分布曲線に沿って分布する。ところが食品の内容量については食品重量の平均値が目標値以上であれば良い訳ではなく、全てのものが目標重量（この場合は300g）以上であるためには、最軽量値が目標重量以上でなければならないのである。

　したがって計量された最軽量の物を目標重量以上にするには、計量の平均値に最軽量値との重量差分ほど加算しなければならない。それを示した正規分布曲線が左図の平均値からほぼ3σの距離にある、最軽量値が目標重量（300g）になっている右側の正規分布曲線になる。この図を見れば最も軽い物でも目標値重量（300g）であり、このように設定すれば目標値より軽い物はなくなり、製品の目標重量が保証できるようになるのである。

製品の最軽量値を300g以上にするには平均値を最小値より約3σ離れるように325gになるようにしなければならない事がわかる。このように平均値を325gに設定すれば製品の重量は325gを中心に最小値300gから最大値350gの間に正規分布で分散することになり、製品重量は300gである目標値にほぼすべてが収まることになる。もしもこの時、製品設計（原価計算）上の重量の平均が300gになっていれば、計量平均値を325gである製造現場の現実と平均25gのずれが生じてしまい、設計に対して相当な材料の使い込みを起こすことになる。これでは原価計算に対して過量であり、原価計算に対して計り込みが生じて製品設計に対して赤字が生じるので、製品における目標重量と現場での計量平均重量との差について製品設計の時点で十分に掌握しておく必要がある。

　もう一つは計量の精度を上げることに努力しなければならないことである。左図の平均値と最小値の差は25gであるが、右図は計量精度を上げる事によって標準偏差を縮小させその差は20gになっている。その結果最小値が300gを下回らないように調整した計量設定時値はそれぞれ325gと320gになり、それぞれの計量設定値の差は5gになる。仮にこの製品を3,000個／時の生産速度で生産すれば、1日に8時間稼働すると24,000個／日になる。最小値が300gを下回らないように定めた計量設定平均値の差を5gとして両者の材料使用量の差は120,000g即ち120kg／日になる。仮にkg単価が1000円の物だとすると、120,000円の材料使用金額の差として出てしまう。1日あたり12万だとすると1年に250日稼働すると、その差は3,000万円になってしまうのである。

　これだけの使用材料費の差が人時生産性の差として現れるのは明らかである。このような製品のバラツキの検証はまさに品質管理部門の職務であるが、このようなことに着目して職務を行っている品質管理部門は食品製造業の中にどれ程あるのだろうか。品質管理部門の職務は細菌検査や異物混入対策、表示の確認などの食品衛生的内容だけではないと、著者が常々言っている事がこのような例でおわかり頂けるであろうか。

第Ⅳ章　食品工場のムダをなくして生産性を向上させる

> こんな事例も！

　図表Ⅳ-17はパン工場のHMラインと呼ばれるシート生地の作製装置だが、投入された板生地の両端を合わせると約1/3程が端生地として除去されている。この端生地は再投入され再生されるので材料の使用の面から見れば端生地は全てがムダになる訳ではないが、しかし再使用の生地量が増えると当然パンの品質は低下してしまう。

　この場合考えて頂きたいのは直行率*と呼ばれる、手直しなしで端生地を1/3も発生させると、生産に使用される生地は2/3しか無くなるという事である。即ち端生地をこのように必要以上に発生させると製品の品質を低下させつつ、2時間で行える作業量を3時間も掛かっている事になってしまう。もう一つの図表Ⅳ-18の端生地は1cm程度しかない。この2つのラインの生産性の違いはその直行率から材料費や販売額に大きな差がない限り明白である。

　このように生産ラインの場合はできるだけ端生地を出さないように生産することは、生産時間の短縮と共に品質の向上につながることを忘れないようにしていただきたい。材料のムダを発生させないように生産することは直行率*を高めることにつながり、生産所要時間の増大を抑制し結果としてラインの生産性を向上する事になるのである。

　しかもこの写真のHMラインはかなり大型の装置なので、ここで流れ

図表Ⅳ-17 過剰な端生地

図表Ⅳ-18 合理的な生地取り

163

ている板生地幅の2倍の幅で生地を流すことができるはずである。このラインは大量の端生地を出しながら極めて生産性の低い作業を行っている事になる。もしも端生地を可能な限り少なくして正味の生地幅をこの2倍にできれば、現在3時間掛かっているとすれば、この作業は恐らく1.5時間で終わることになるであろう。その作業を現在の作業者数と同じで生産できれば生産性は2倍になるはずである。

　もちろんこの工程前のミキサーの能力や工程の後に続く、ホイロやオーブン等の装置の処理能力が充足しているということが前提ではあるが、ここに挙げたように生産性を上げるためには案外と見落とされているのが、生産リソース*の潜在的な能力を十分に引き出すように効率的な生産が行われているかということである。これは生産性向上に極めて重要な事である。またあてがわれた生産リソースを有効に活用する事こそ、管理監督者の本質的な使命ではないだろうか。管理監督者は会社から与えられた生産リソースを、最大限に活用することを忘れてはならない。

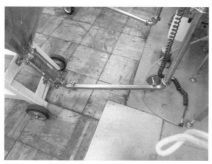
図表Ⅳ-19 ムダなパイプ

図表Ⅳ-20 短く切られたパイプ

＊直行率：投入量に対して、工程内検査、出荷前など、全ての検査に一発で合格した比率、手直しで良品になった物を含まない。
＊生産リソース：生産資源、原材料、機械設備、人材などをさす。
＊付加価値：製品又はサービスの価値の中で、企業活動の結果として、新たに付与された価値。売上高から材料や部品などの外部購入費を引いたものが粗付加価値であり、さらに設備償却などの設備費を引いたものが純付加価値と呼ばれる。

第Ⅳ章　食品工場のムダをなくして生産性を向上させる

図表Ⅳ-21 長い配管は材料ムダを生じる

図表Ⅳ-22 水平配管はムダ発生

図表Ⅳ-23　過剰な設備

図表Ⅳ-24　残滓

　人時生産性算出の分子は生産額から材料費を減じた付加価値※額であるが、付加価値から支払わねばならないものには単に人件費だけでなく設備償却費などの間接的な材料等も含まれているので、大は小を兼ねるとして必要以上に大きな装置を購入したり、維持管理用の部品やその他の資材をムダにしたりしないように心掛けて運用しなければ利益は出せなくなる。

　また材料の利用率の低下は表面的な残滓だけでなく、洗浄時に排水と共に流されるなど気が付きにくい物もある。図表Ⅳ-19はフィリングを送るホッパーと充填機をつなぐパイプだが図表Ⅳ-20のように短くすればその中に残り洗浄時に洗い流されるフィリングのムダが少なくな

る。また装置の配置が悪いと配管が長くなり、傾斜が少ないと製造終了時にパイプの中に残る内容物は洗浄時には洗浄水と共に流されてしまい、ムダになるだけでなく排水処理槽への過剰負荷の原因にもなる。（図表Ⅳ-21、22）原材料の廃棄は目に付くものだけでない事を忘れないようにしなければならない。

　原材料のムダは装置のレイアウトや構造などにより決まる部分もある。どこでムダが発生するか緻密に工場や装置設備を見る目が必要になる。しかし設備機械をつなぐ配管やレイアウトは工場の設計時にある程度決定されるので、生産部門だけでなく設備工務部門にも生産性向上の発想が必要である。図表Ⅳ-23に見られるような不用な機械や器具の金額も人時生産性には直ちに影響を与えないが、その償却費等により利益低下の原因になることを忘れてはならない。とにかく無駄をしないように日頃から留意することが必要である。

　加工食品の原料はほとんど天然物しかも生物体であるので、電気部品のように箱から出してそのまま全て使用できるわけではない。キャベツなどの葉菜には鬼葉（おにば）と呼ばれる食用に適さない硬い部分があり、根菜などの硬い表皮は剥いて除かなければならないし（図表Ⅳ-24）、魚類の多くは内臓や皮などの廃棄物が出るのは当然だし、多くの場合洗浄などで前処理を行い、不良部分を取り除くので、この前処理に

図表Ⅳ-25　さばの端材

よって取り除かれる部分が生じてしまうのが通常である。

　そのため残滓と呼ばれる廃棄物が発生し、購入した材料の全てが製品に使用されるわけではない。この廃棄材料の量が材料利用率として材料費率に影響を及ぼすことになり、利用率が低ければ材料の購入量が増加し、その為に付加価値が減少しその結果生産性が低下する。このために生産性の維持向上の為には、廃棄量の少ない健全な材料を廉価に購入する事とその利用率を高めることが重要になる。

　ほとんどの場合加工食品のサイズと原料のサイズが必ずしもぴったり合うわけではない。当然のごとくサイズを合わせるために製品の大きさに材料を細断して寸法を合わせる事になる。（図表Ⅳ-24）このような破材を出さないようにまたこれらを有効に活用するかは材料費削減への鍵となる。

これでできる！ 対策❾
工場と設備のムダを改善する

　自然災害の被害によるものとコンビニ向け食品の生産工場を除いて、近年大規模な食品工場が新設された話を聞くことは少ない。仕事柄全国の食品工場を見ることが多いが、食品工場の多くはバブル崩壊以前に建てられたものが多いようだ。もちろん新しい工場がない訳ではないが恐らくその比率は低い。反面食品工場の外観はそのままで内部が改造された工場はかなり多い。このような食品工場の改築はマーケットの変化の影響が大きいと考えられる。工場内部の壁面、床面、衛生設備等食品衛生に配慮した改装が目立つが、それらの改装を行っている食品工場は惣菜や水産工場に多いようだ。HACCP等に対応する必要があるからであろう。しかし食品衛生の形式的なゾーニングを重視するあまり、生産の流れを無視した工場の配置をしたものが見られる。食品衛生はもちろん極めて重要であるが、工場の改造の折は生産効率への配慮も忘れてはならない。

　食品工場は比較的時間を経た建物が多いことは既に述べたが、例としてパン工場は1970〜1980年代に立てられたものが過半ではないかと思

図表Ⅳ-26　老朽化した製パン設備

図表Ⅳ-27　工務部門による修理

う。そのため多くのパン工場の設備もかなり老朽化しており、設置後30年、40年経過した設備が現在でも使用されている例は少なくはない。それらの機械設備が十分に整備されておればそれはそれで問題はないのだが、不安定な動作や頻繁な故障を起こすものも少なくないし、保全体制が十分でない食品工場は珍しくない。その為に不十分な管理の機械設備及び保全体制では、間違いなく工場の生産性低下を引き起こす。食品工場においても機械設備の故障などによって、可働率＊が下がらないような方策をたてなければならない。

　可動率が高ければ問題がないかと言えばそうでもない。長い間更新もなく使い続けることは必ずしも良いことだとは言えない。なぜなら世の中は進歩しており、あらゆる機械の性能も向上している。古い機械を長い間使い続けるという事は、性能の低い機械を使い続ける事にもなり生産性を向上し難い原因にもなると言える。無論企業が適切な利益を得ることができなければ機械の更新は難しくなるので、生産性が低く利益率の低い食品工場では必然的にそのような状態に置かれているのかもしれない。

　機械設備の更新が少ない事を機械メーカーの立場で見れば売り上げが下がることであり、食品機械メーカーにとってはマーケットが縮小している事になる。実際多くの大型食品機械のメーカーが何社も消えて行ったのは事実である。食品機械メーカーが消えるという事は、食品メーカーにとっては使用する機械の新製品あるいは改善品が発売されないだけでなく、設備の保全にも支障をきたすという事にもつながり、これは長い目で見れば食品工場の生産性向上を阻害している要因であるかもしれない。実際かつて著者が食品工場に勤務していた30年余り前には、現在パン工場で使用されている機械設備のほとんどは既にあったのでは

＊可動率：一般によく使用される稼働率は一定時間フル操業をした時の機械の能力に対して現時点の生産実績のことであるが、ここで言う可動率は機械を動かしたい時にいつでも動く状態の率を言う。

ないかと思う。それだけ数十年の間にわたり革新的な生産性の向上につながる食品機械は登場していないのである。

　当時の食品機械と変わっている点と言えば、大まかには食品衛生的な観点で機械の外観がペンキで塗装された鉄板からステンレス製に変わったこと、異物混入防止のために清掃し易いように機械が透視できるようにシースルーになったこと、制御がアナログからデジタル制御に変わったことくらいしかないのではなかろうか。生産性を大きく向上させるような、全く新規の生産設備や仕掛けはあまり登場していないように思う。仮に機械メーカーにそのような開発のシーズがあっても、それを買ってくれる顧客がいなければ機械メーカーは大きな投資をしてまで革新的な新製品を開発できないのは当然であろう。

これでできる！　対策10
自動化を進めてムダを省く

　前述の通り自動車や電機の工場では自動化されて人手で行わないような並べ替え、方向転換、箱詰めなどの単純作業も食品工場では人手に頼ることが多い。これらの単純作業が労働力の浪費につながり、食品工場の生産性の低下を招いている大きな原因の一つであると著者は考えている。ここで言う自動化とはトヨタの生産方式の二つの柱の一つである人偏の付いた自働化とは違い、この自動化はいわゆるオートメーションのことである。

　現在人手で行われているが今後自動化すべき作業として、例えば図表Ⅳ－28ではパン工場において機械から4列で出てきた焼成前の生地を単に6列に人の手で並べ替えている典型的な並べ替え作業である。この他に機械から出てきたクロワッサン生地をホイロ用のパネルに合わせて、単に並べ替える作業などの単純な並べ替え作業は数多くある。このような作業は明らかに製品の価値を直接的に創出しない非付加価値作業であるが、レオロジカルな物性のパン生地のような柔軟な物体は現状では機械的には取扱い難い上に、成形パン生地の並べでは見えにくい生地の巻き目を下にしなければならないなど、現状の画像解析技術では直ちに自動化が難しく機械化には不向きな厄介な作業であり、現時点では人手で行わざるをえないのが現実である。

　しかしこれらの労働を浪費する非付加価値作業は生産性を向上する為に今後自動化を推進していく必要がある。図表Ⅳ－29は水産練り製品の非効率な目視検査兼整列作業である。図表Ⅳ－30はラベル貼り等を含む多くの人手が掛かる梱包作業であるが、これも非効率な作業である。図表Ⅳ－31はカプセル状の製品の不良を目視で見つけ取り除く検品作業である。

図表Ⅳ-28 4から6列へ並べ替え作業

図表Ⅳ-29 水産練り製品の整列

図表Ⅳ-30 無駄の多い梱包作業

図表Ⅳ-31 目視によるカプセル検品

　このような検査作業も今後は画像処理技術の精度を向上し産業用ロボット等の技術を導入して、自動化し無人化もしくは少人化して行く必要がある。このような検査業務の自動化も今後取り組むべき課題である。なぜなら食品工場では検品作業に労働力を掛けすぎであり、特にクレームが発生する度に検査員を増やす、食品製造業の体質にも問題がある。検査で除くのではなく発生の原因を取り除く方に努力しなければならない。そして検査業務の精度を低下させないように、今後は無人化・少人化推進を図らなければ、食品工場の生産性は向上しない。
　食品工場での自動化を進めるにロボットの活用を直ちに思いつくが、その場合に作業ごとに専用ロボットの開発する選択肢もあると思うが、

コストの点からも汎用の産業用ロボットの活用を可能の限り検討すべきである。ここでいう産業用ロボットとは一般に知られた人型ロボットとはいささか異なり、図表Ⅳ-32のような構造をもつものである。多くの産業用ロボットはこれまで自動車製造業を主なマーケットとして溶接ロボットや塗装ロボットなどとして発達した経緯がある為、現状では食品工場の作業に対して直ちに導入する為には越えなければならない幾つかのハードルがある。なぜなら現在の自動車工場向け産業用ロボットを食品工場において生産に活用するには、自動車工場と異なる食品工場特有の条件があり、現在の産業ロボットのままでは機能的に不十分な所があるからである。

例えば規格のそろった工業製品に比較して、不規則な形状の食品やパン生地のようなレオロジカルな物性の対象を扱えるハンド（マニュピレータ）がほとんどなく、それらの開発をロボット業界と食品業界で力を合わせて行っていかねばならない。往々にして使用者側のニーズと製

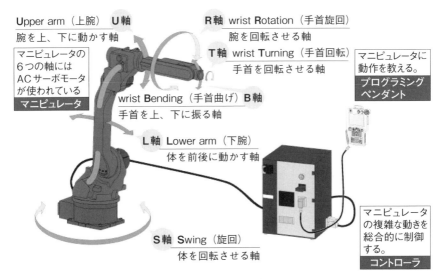

図表Ⅳ-32　産業用ロボットの構造（画像提供：株式会社安川電機）

作者側のシーズのベクトルが合わないために、開発されたものの利用価値が低かったり売れなかったりすることが多い。使用者側が何に困っており、開発側に何ができるかを相互に理解する必要がある。

このように産業用ロボットは直ちに食品工場で使うにはまだまだ開発側と使用者側の両者で知恵を出さねばならないが、最近では食品工場でロボットを使用するためのハンドの研究も徐々に進んできているので、近い将来産業用ロボットが食品工場に進出してくるものと考えられる。食品工場の生産性を上げるためにはロボット会社の開発を待つだけではなく、食品工場サイドももっと積極的にロボット導入に取り組むべきだと考えている（図表Ⅳ-33）。昨今の労働力不足を考えると食品工場は作業者の数を、近い将来に現在の半分くらいに削減しなければならないのではないか。即ちこの点でも食品工場の生産性を2倍に向上する必要があるのである。箱詰め作業など産業ロボットが活用できる部分は現在でも多くあるはずだ（図表Ⅳ-34）。

また産業用デジタルカメラの精度は、現在では汎用の写真デジタルカメラと比べて精細度が低い現実があるが、産業用のデジタルカメラの精度や解析技術が上がってくれば、目視に頼る製品の選別作業なども画像解析によって、今後自動化されてくる可能性は十分にある。食品工場では人海戦術による選別作業もまだまだ多く残っている。

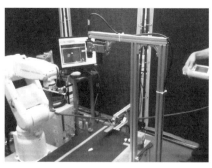

図表Ⅳ-33　産業ロボットハンド開発

図表Ⅳ-34　パラレルリンク型ロボット

これでできる！ 対策11
運搬のムダの改善

　図表Ⅳ-35～38は、それぞれパン工場、カット野菜工場、水産加工場、豆腐工場で見られる手押し台車の群れである。このように食品工場では手押し台車が溢れている工場が多く見受けられる。それらの中には部門の作業者数よりも台車の数が多い所もある。そのような工場で台車が多い理由を尋ねると、運ぶ必要が生じた時にいつでも運べるように十分に台車を揃えるべきだとの考えを聞く事が多い。このような考えによって食品工場内の台車は増殖する。その過剰な台車は工場のスペースを占領し通路を占拠する。台車が多ければ運搬自体を当たり前に思い必要以上に移動距離が増えることもある。

　今までにも何度も書いてきたように運搬は非付加価値仕事なので、台車が多くあるという事は非付加価値仕事である運搬に、多くの貴重な労力が費やされている事の証拠でもある。したがって台車の多い工場では台車の数をどうすれば少なくできるか考える事によって、人による運搬を減少させる方策を見出す可能性が出てくる。いずれにしても人による運搬は可能な限り減少しなければ、運搬は付加価値仕事の時間を侵食してしまい食品工場の生産性は決して向上しない。

　運搬を減少させる為にはその運搬がなぜ必要なのか真剣に考えなければならない。生産の流れが途切れてプラコンや番重の山積み山崩しの状態になれば停滞した物の山を移動しなければならなくなり、当然のごとく運搬作業の追加が生じている。このような状態を避けるためには円滑な生産の流れ、即ち作業の連続が必要になって来る。生産作業の流れが断ち切られた時にいわゆる淀みができて、この淀みが番重やコンテナの山に成って現れる訳である。その山が存在することにより作業が断続的に行われ、しかもそれぞれの作業位置が離れていれば当然運搬距離が長

くなるので、長距離の運搬を防ぐためにも作業エリアをコンパクトにする必要がある。

　生産量が減ったにも関わらず、以前のままの配置で作業を行えば作業の面積が必要以上になり、面積に応じて運搬距離も遠くなってしまう。工場の生産量が減少したなら思い切って工場面積をスリムにする必要がある。生産量が減少したにもかかわらず、生産量が多かった時の工場のままで生産することによって、ますます生産性を下げている工場は珍しくない。生産規模に合わせたレイアウト変更も運搬の減少に重要な条件である。

　食品工場の運搬効率を考える上で大きな障害がもう一つある。通路の

図表Ⅳ-35　工場に溢れる手押し台車

図表Ⅳ-36　野菜工場に溢れる台車

図表Ⅳ-37　豆腐工場の台車

図表Ⅳ-38　水産加工場の台車

問題である。道路交通を考えてみればわかり易いのだが、いくら自動車の性能が向上しても、道路が整備されていなければ円滑な道路交通は成立しない。工場の通路も同じである。仮に台車で効率的に運搬しようとしても、通路が狭かったり障害物があったりしたら台車はスムーズに物を運べない。通路の確保は運搬効率を上げるために極めて重要である。

通路を確保するためには工場レイアウトが重要になる。通路を確保する為には工場建設や改築の段階から、通路を意識した工場のレイアウトを設計する必要がある。また既存の工場であっても多少のレイアウト変更で、使いやすい通路を確保することも可能であろう。また機械設備の構造も通路の確保に大きな影響を与える。包装機や金属検知器や重量チェッカーの流れる方向は案外と見逃され易いが、工場のレイアウトに影響を与え通路の確保にとっても重要である。

もう一つは工場設計のコンセプトである。図表Ⅳ-39と図表Ⅳ-40は日本のパン工場の内部であるが、工場内に多くのコンベアが張り巡らされているために、人が容易に入れない場所が随所に存在している。次に図表Ⅳ-41はオーストリアのパン工場もう一つは図表Ⅳ-42はドイツのパン工場の内部であるが、写真のように大勢の見学者が入っても容易に移動ができる。その訳は例えばホイロやオーブンへの焼き型や天板の入り口出口がその装置の上部にあり、装置をつなぐコンベアは作業者の頭上を通過し、コンベアの下を容易にくぐって水平に移動することができるのである。また日本のパン工場では床も見えない程に機械装置が詰め込まれている上に、コンベアは一般的に床面に設置されている工場が多い。しかし欧州の工場は床面が広く取られており、コンベアは頭上を走る構造が多く、通路は確保し易く作業者が移動しやすいあるいは運搬をし易い工場が多いようだ。

運搬を自動で行おうとすると自動搬送車の活用が必要になるが、日本の食品工場ではそのような考えが元々ないために、そもそも自動搬送車を通すことができるような床の構造になっていない。今後パン工場に限

らず、食品工場を新築あるいは改造をする時には、自動搬送車を通せる構造の工場を建てるべきだと考えている。

　だいたい食品工場以外の工場では食品工場のように手押し台車を多用することはない。なぜなら運搬作業のほとんどがコンベアや自動搬送車により自動化されているからである。作業者による運搬作業の削減は確実に食品工場の生産性の向上につながる。自動搬送車の導入については早急に真剣に検討する必要がある。無人自動搬送車には無軌道型、軌道型、フォークリフト型など様々な種類があるので用途に合わせて選択すると良い。食品工場から人による運搬を少なくする必要がある。

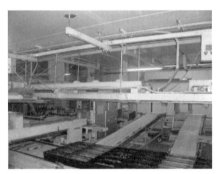

図表Ⅳ-39　日本のパン工場

図表Ⅳ-40　日本のパン工場

図表Ⅳ-41　オーストリアのパン工場

図表Ⅳ-42　ドイツのパン工場

これでできる！ 対策12
スケジュールのムダの削減（問題の顕在化）

　工場で生産される製品の中で、加工食品は最終消費者との時間的な距離が最も近い製品であり、マーケットの日々の状況の影響を短時間で最も受け易い製品の一つである。そのため消費者の要求に直接につながる流通各社の納品の条件は厳しく、食品によっては発注が毎日あるいは1日に数回になる場合もあり、食品工場の作業はマーケットの要求の影響を直接に受けて変化する発注に対応するために、食品工場における生産は頻繁な対応を余儀なくされている。

　しかも食品独特の賞味期限などの制約や製品自体の不安定な性状もあり、保存のきく安定した性状の工業製品を生産する工場と異なり、食品工場は生産順を調整したり生産量を平均化したりして行う平準化生産を実施する事が難しい。実際多くの食品工場では納期を守るために生産が振り回されており、効率的とは言えない生産を余儀なくされているのが実態である。

　工業製品は特性上製品寿命が長いので変動する受注に対して生産の平準化や計画生産を行う事もできるが、食品は製品寿命が短い上にしかも現実には完全に消えたとは言えない1/3ルールなどの賞味期限などの条件や、納入ロット毎に同一製造ロットで揃えさせる等の流通販売業者からの要求もあり、性状の安定した工業製品に比べて合理的な生産計画が立て辛く、そのために食品工場では受注を何とか納期に間に合わすだけで精一杯の生産であることが多いようである。

　すなわちマーケットの需要要求に対応するのに食品工場の生産は振り回されており、効率的な計画生産の状態であるとは言い難いのが現実である。そのような環境に置かれている食品工場の生産性を適切な生産スケジュールによって、如何に効率を上げていくかは食品工場の生産性向

上にとって大きな課題である。マーケットの要求通りの納期に合わせて生産する事が食品工場の生産性にとってなぜ問題かと言えば、納期に合わした生産順序が食品工場の生産効率にとって、多くの場合必ずしも合理的な順番ではないからである。

　主要なプロセス型食品製造業のうち、パン、菓子、水産練り製品、めん類など食品は装置型製造業であり、それらの多くの製品はバッチ単位のフローショップ型生産で生産されている。自動車や電機製造業ではディスクリートで単一あるいは類似の製品を連続して生産するが、多くの食品工場では一つのラインで多種類の製品の多数のバッチ単位で生産する。ところが製品により工程毎の生産処理速度が異なるので、一般的に食品工場では工程毎の処理速度が異なり工程毎の所要時間に違いが出る。これが組立型の生産においてライン全体で一定なタクトタイムで生産できるディスクリートの工業製品と、工程毎の生産条件が異なり工程毎の処理速度差のある加工型のバッチ単位のフローショップ生産との大きな違いである。

1　スケジューラ（アドリブ）の機能

　パン工場の生産状態を図表Ⅳ-43のアドリブの画面の中央部のガントチャートで示すとこのようになる。この図の横軸は時間軸で縦軸は上側から下側に向かって工程順に並んでいる。即ち最上部が仕込工程であり、成形工程、焼成工程と進んで最下部は包装工程である。発酵工程では生地は放置されており、作業は行なわれないのでガントチャート上は示していない。

　図Ⅳ-44のように工程毎の生産スケジュールがそれぞれ見える化されている。このガントチャートによって仕込工程以降の夫々の工程においても現在の作業が何時まで続き、次の工程が何時から始まるのか正確な作業の予定が立てられるのである。しかし今まで多くのパン工場ではおおかたの生産予定を定め、仕込工程は後工程の進捗状況を観察しなが

ら生産予定順に仕込んで行くのが通例であったので、予定の生産終了時間は曖昧なものであった。しかしスケジューラを使用すれば標準作業条件で作業が行われた際の、生産終了時間を正確に事前に知ることができる。もちろんこれらの各工程別の作業開始時間、終了時間は全体の表あるいは工程毎に表として出力することができるので全体の動きを掌握することができる。

　今まで食品製造業の生産性低下の原因になっていると主張してきた、「曖昧な予定時間より早く終われば良し」とする事なかれ主義的な生産はしたがってできなくなる。トヨタ生産方式では問題点を顕在化することで問題を解決し、生産性を向上する手法を取っているがアドリブを使用することで、工程毎に生産速度の異なる食品工場でもそれが可能になる。もしも生産終了予定時間よりも遅く終了した場合は、それぞれの製品の各工程の実際時間と予定時間とを比較し、遅延の原因が何であったのかを検証することができるのである。このように遅延原因の解明を行い対策する事により生産性向上が可能になるわけである。

　もしも予定よりも生産が早く終わった場合は、各製品の各工程時間の予定終了時間と実際時間を比較することにより、どの製品のどの工程の標準条件の設定が実力の作業実態より甘かったのか分析することができる。このように次々と設定中の標準条件を評価することによって、常に

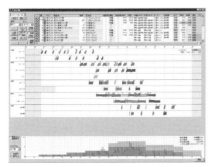

図表Ⅳ-43 スケジューラ画面

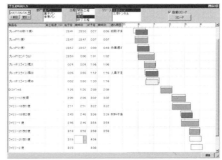

図表Ⅳ-44　予定時間と実際時間の差異

正しい作業標準条件でスケジューリングする事が可能になる訳である。このように標準作業条件を常に修正して行くことによって可能になる正確な生産スケジューリングの作成こそ、食品工場に多い複雑な生産条件のバッチ型フローショップ生産の生産性向上の鍵になるのである。

　トヨタのラインにおける問題点の顕在化の仕組みの代表的なものが図表Ⅳ-45に示したトヨタあんどん方式である。あんどん方式では工程の各ステーションにライン停止のためのストップボタンが設置してあり、作業者は自分の担当箇所で問題が発生すると作業ステーションに配備されているストップボタンを押してラインを止める。ラインが止まると同時に警告音が鳴らされることにより注意が喚起されストップランプ（あんどん）が即座に点灯する。すると灯されたあんどんを目標に班長がストップボタンが押されたステーションに飛んで来て、発生した問題に対応して可能な限り短時間で改善策を施してラインを再起動させる。再起

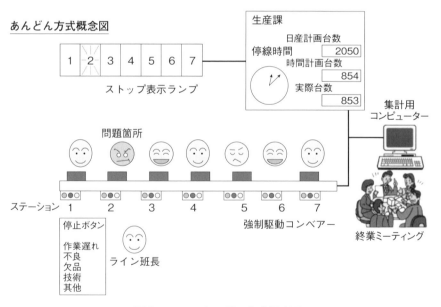

図表Ⅳ-45　あんどん方式概念図

動させる時に班長はラインが停止した原因を、解除ボタンの中から選んで再起動させことで停止原因を識別する。このようなラインストップとライン再起動がラインの各工程で1日中繰り返し行われる。

実はこのようなライン管理の方法は自動車や電機のような生産ラインでは、一時的にライン停止しても性状が変化しない安定した製品だから実施できるのである。ところがパンや蒲鉾に代表されるプロセス型の加工食品の生産の場合、問題が発生してラインを停止させると生地が発酵し過ぎたり、オーブンの中で焼け過ぎたり、停止時間が余り長いと腐敗する等の現象を引き起こし、製品が売り物にならない事が起こりうる。このような食品の時間と共に変わる不安定な特性を考えて、仮に遅れなどの問題が発生してもラインの停止は行なわないで、アドリブではラインで起きる問題の箇所や頻度、時間、原因を認識し原因を識別できる仕掛けを採用している。

図表Ⅳ-44に示されている画面が工程の作業状態を入力する端末画面である。生産上のポイントとなる各工程にノートパソコンもしくはタブレットパソコンを端末として配備し、作業状態を単純なクリックだけで各作業者に入力させるようにしてある。もしも作業が設定された標準時間の範囲内で終了した場合にクリックすると画面のガントチャートのバーは緑で示される。設定した一定時間以上遅れると赤色にバーの色が変わり、設定した一定時間より短く作業の修了が早い場合は黄色に示される。

このような表示によって行われた作業の早遅が評価できるのである。仮に赤に表示され作業が遅れた場合は遅れた原因を解明し、対策を行う事で次から同じステーションで同じ原因で起きる停止を防ぐことになる。もしも緑で表示されて予定時間通りに生産されておれば、その条件を堅持することに努めるが、長期間安定的に作業が行われているようであれば僅かずつ生産速度を上げてみる。試しに少し生産速度を上げて行くと新たな問題が発生することがある。このような問題の改善を繰り返

すことによって少しずつ生産性を向上させていく。黄色にバーの色がなっている時が一番大きな問題である、なぜなら作業にゆとりのある状態だからである。

「過剰は問題を覆い隠す」の通り、このようなゆとりの状況が最も良くないのである。繰り返し言うが問題が発生しないという事は「問題がないのが最大の問題」と言われるように極めて大きな問題である。これが今までの食品製造業の生産性を低迷させた最大の原因なのである。予定より早く終われば上司が部下を褒めるような習慣を食品製造業が続けていれば、昨日と同じ今日、今日と同じ明日を続けることになり、食品製造業の生産性は向上しないままになる。ゆとりある生産は問題の発現を阻害し、その為に改善が進まず、食品製造業の生産性低下の最も大きな原因を放置することになるからである。即ちスケジューラは単なる生産計画作製装置としての機能を一歩踏み出して、あんどん方式のように工程の隠れた問題点を顕在化する、問題点発見装置の機能を持たなければならないのである。

もう一つの食品製造業の低生産性の原因は労働力の供給過剰である。労働力のムダの項でも述べたが、食品製造業では工程毎の作業者の適正配置が曖昧でかつ甘いと言える。その問題の解決策が図表Ⅳ-46に示したアドリブの画面の下部にある労働量と作業量のヒストグラムである。図中の階段状の部分はその工場の労働単位すなわち賃金計算に用いられる最小労働時間単位で、その時間に存在する作業者数を示したヒストグラム（度数分布図）である。この図からその時間におけるライン毎の配置作業者数がわかるようになっており、必要に応じて部門毎と工場全体

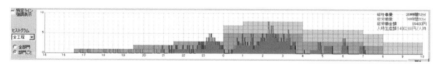

図表Ⅳ-46　労働量と作業量のヒストグラム

の作業者数を表すことができるようにしてある。

　手前の針状の山脈のようにみえる部分は、一分単位での付加価値労働の量が表されている。前述のように労働には価値の創生に関わる付加価値労働と、価値の創生に直接かかわらない非付加価値労働があることを述べたが、ここでは付加価値労働のみを表示した。なぜなら生産性を向上するという事は給与の支払う必要のある労働時間中の、付加価値労働の比率を如何に上げて行くかに関わっているからである。

　この図では針状の山脈の後ろに階段状の労働量（作業者数）が見えるが、その部分は価値を生み出さない非付加価値労働量と言う事になる。この図で面白いのはこのヒストグラムの中央やや右寄りに供給労働量と作業量が一致している部分があるが、それ以降は作業量が減少しているにも関わらず労働量は維持されている。これは瞬間的に必要な労働量をその後も維持したために、労働量が過剰になって人余り現象を起こしている事を示しているのである。

　多くの食品工場で監督者は上司によく労働力不足を訴えるが、人手が足りない時間がどのくらいの長さなのか十分に検証する必要がある。また夜間作業や地域の労働環境によって、作業者が採用し易い時間帯と採用しにくい時間帯があるが、そのような時作業量のピークの時間と作業者数のピークがずれている事がよくある。このような状態は食品工場で多く見られる現象であり、食品工場の生産性低下の原因の一つである。作業量と供給作業者数のマッチング不良は避けなければならない。もちろん作業者数だけでなく作業者の職能のマッチングも図らなければならない。人手を必要以上に増やすことは生産性を低下させる大きな原因である。

　また中央左側には作業量の方が労働量を上回っている部分もある。このような時はラインでは混乱が起きているはずである、極短時間であれば特に問題にならないで作業は進捗するであろうが、ここでは約30分間労働力不足が続いており、他部署からの応援でもなければ恐らく現場

には大きな混乱が起きるはずである。生産性を向上するには作業量と適切な労働量の供給が極めて重要である。

2 製品の生産順による作業者の有効活用

　バッチによるフローショップ生産をガントチャートに表すと各工程の作業は前述のように階段状に示される。各階段の幅は工程ごとの処理時間の長さになり、ガントチャートはこの各段が組み合わされた階段を並べたような形状になる。そのためにそれらの階段の並べ方、即ち製品の生産順によってメイクスパン＊は図表Ⅳ-47のように変化する。即ち多品種のフローショップのバッチを組み合わせた生産においては、生産順でその生産時間に大きな差ができる事になる。これは工程の生産速度の違いでもあるが、例えば1つを二つに分けるとか2個を組み合わせて包装するとかといった操作によっても、作業量が変化しこのような状態が発生する。

　この他に生産順によって生産効率が大きく変わる原因としては、製品の変更時の段取りにかかる時間もある。通常は似たような製品は続けて生産する方が効率は良いのだが、最近ではアレルギー物質のコンタミ＊の問題もあり、通常の生産においては製品としては似ていても配合や製法等の条件によって連続して生産できない事もある。特に洗浄などに時間が掛かる場合は、洗浄等の段取り時間の所要量が少ない生産順で生産する事も必要になる。このように生産の効率化を考えて生産順を決める場合は、各工程の処理速度の差だけではなく、製品間の段取り時間の違いや、時間毎の必要な作業者数についても配慮して決める必要がある。

　この他に生産性を向上するには、生産の組み合わせや段取り時間差によるメイクスパンの差だけでなく、生産性向上の要素である労働量供給の面もある。例えば製品毎に必要な作業者の人数が変わると、必要人数

＊メイクスパン：仕事を始めてから終わるまでの時間、始業から終業までの時間。
＊コンタミ（コンタミネーション）：アレルギー物質で汚染されること

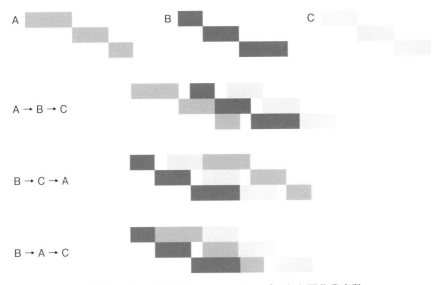

図表Ⅳ-47　生産順によるメイクスパンと必要作業者数

が変化し手空きを生じる場合もあるし、不足すると作業に混乱が起きて生産効率は極端に低下することもある。機械はスイッチを切ると止めることができるが、作業者は出勤していれば作業を行っていなくとも人件費が発生する。多品種少量生産の食品工場では、特にこの作業者の手空き時間を発生させないようなスケジューリングが重要になる。

　作業者の手空きや作業者不足による生産の混乱を発生させないためには、製品毎に生産に必要な作業者数があまり変化しない生産順で生産することも必要である。単純に納期の順のままで生産すると作業者数の配置に無頓着になり、当然のように作業者の不足や過剰が生じてしまう。このような点は意識していても現実には余り配慮されてないし、もしくは配慮することができないなどの理由で案外と放置されているのが現実である。このように生産順スケジュールは人員配置の面からも食品工場の生産性に大きな影響を持っている。

　図表Ⅳ-47に示すように異なった工程時間を持った3種の製品A、

B、Cがあるとしたら、この３種の製品を生産する順番は６通りになる。この製品にはそれぞれ３工程有り、各工程に３名の作業者が必要でライン全体では９名の作業者が必要となる。この場合それぞれの製品の製造時間は４時間30分だが、A→B→Cの順で生産すると８時間30分のメイクスパンとなるが、B→C→Aの順ならば７時間30分となる。生産順を変えるだけでメイクスパンが変化し、９名のラインだから９人分の１時間即ち９人時の給与額が変化することになる。これだけで10％以上の生産性が変わってしまうことになる。

ところがB→A→Cの場合もメイクスパンは同じく７時間30分であるが、30分毎の必要作業者数はB→C→Aの順の場合の必要人員数は3, 3, 3, 6, 6, 6, 9, 9, 9, 6, 6, 6, 3, 3, 3となるが、B→A→Cの順の場合は3, 3, 6, 6, 6, 6, 9, 9, 9, 6, 6, 3, 3, 3, 3となる。B→C→AとB→A→Cでも必要な労働量は変わらないが、ガントチャート中の白い部分がB→C→Aの場合は４か所即ち２時間であるが、B→A→Cの場合は２ヶ所で１時間である。このように作業途中の白い部分は手空きになる可能性が高いので、実際には

B→C→Aは3, 3, **6**, 6, 6, **9**, 9, 9, 9, **9**, 6, **6**, 3, 3, 3であるし、

B→A→Cは3, 3, 6, 6, 6, **9**, 9, 9, 9, 6, 6, **6**, 3, 3, 3になり、

太字のところで通常手空きが生じるのでB→A→Cの方が手空きの少ない効率的なスケジュールであることがわかる。このように生産順はメイクスパンだけでなく作業者の必要作業者数にも影響し、ラインの生産性に大きく影響する訳である。この時忘れてならないのは手空きの作業者にも人件費は発生するという事である。

第 **V** 章

食品製造業の
生産性2倍への道

1　問題顕在化と改善意欲と自動化で生産性２倍

　食品工場の生産が低い理由は、これまでも述べてきたように生産活動中にムダが多くある事が原因であることに間違いない。これまで食品工場は保守的な空気で満たされており、前述のように生産において問題が目に付かないように、事なかれ主義的な即ち無難な生産をすることが慣習化していて、少しでも何かを変えて向上しようとするマインドが残念ながら低いのが現状である。

　したがって食品製造業の生産性を向上させるには、食品工場に隠れている問題を如何に顕在化し、それを見つけて果敢に改善することが重要であるから、生産性向上の推進者である従事者の意識改革が絶対に必要になるのである。先に述べたように工場には種々の問題があり、これが生産性を低下させているのだから、問題を発見しそれを改善、如何に解決するかが生産性向上の鍵である。つまり、問題が見えないように運営されている工場運営こそが問題なのである。

　これまでのコンサル活動において多くの工場の生産性をそれなりに上げてきたが、生産性向上に必要な事は潜在する問題点を見つけだそうとする工場の従業員の意識と、かつそれを必ず改善解決しようとする意欲と能力に加えて、経営者の継続的な援助が最も大切なのである。生産において現在世界をリードするトヨタ自動車とて、はじめから生産性が高かった訳ではない事も前にも述べた。たゆまない努力を重ねることによって現在の地位を築いたのである。食品製造業とて同じでありたゆまぬ努力が必要である。

　これから食品工場が生産性を向上して行くためには、例えばトヨタ生産方式の考えをベースにして生産性向上のマインドと手法を吸収しつつ２年間で10％程度生産性を向上し、その後年率1.5％ずつでも生産性を

向上すれば10年間で15％は向上する。２年分と合わせれば25％になる。このようなスケジュールで生産性を向上していけば、食品製造業の生産性の現状の50％アップの製造業平均の生産性の75％にすることは可能なのではないだろうか。

　これはそんなに難しい事だろうか。加工型の食品製造業の生産性は製造業平均の生産性の50％だから、前述のように無難な生産を望む事なかれ主義を排除する事によって、工程中に散在する作業上のムダの排除や生産リソースの有効活用や原材料のムダなどを削減することによって、製造業平均に対して生産性を75％程度に向上する事は可能であると著者は考えている。もちろんそれ実現するにはそれなりの努力が必要である事は申し上げるまでもない。

　しかしこれだけでは製造業平均の生産性にはまだまだ25％程のギャップが残る。前にも述べた通り食品工場には他の製造業と比較して自動化の遅れが多く見られる。もちろん工場により事情は異なるが、著者の実感としては自動化の遅れによる生産性の低下が工場により10〜30％あるのではないかと推算している。この他手押し台車の数に見られるように、運搬の非合理性により10〜20％程度は生産性が低下していると思うし、自動搬送車や効率的なコンベアの導入により、この程度の生産性の向上は期待できるはずと考えている。

　これらに加えてスケジューラやITの活用により、食品製造業では10〜20％程度は生産性向上が期待できると考えている。なぜなら何度も申し上げたように食品製造業の低生産性の実態は、生産上の問題を顕在化しないように運営する食品工場の慣行が作り上げているからである。このような状態を打破する為にスケジューラにあんどん方式の持つ問題の顕在化のしくみを導入し、生産の計画と実績を照らし合わせることによって、工程の問題を顕在化し、生産の中に含まれる問題を暴き、それらの暴かれた問題を次々と改善することによって、食品製造業の生産性を継続的に向上していくのである。

これまでに挙げた各改善項目の比率は食品製造業の業種によっても異なるし、それぞれの工場によってももちろん異なるので正確な比率は一概には言えないが、上記の75％にⅣ章で述べた項目のそれぞれの寄与分の合計が25％あれば、製造業平均の生産性に匹敵するレベルである現在の食品製造業の生産性を2倍にすることは可能であると思うし、場合によっては製造業の平均の生産性を上回ることさえ可能ではないかと思う。昨日と同じ今日、今日と同じ明日を望むのではなく、毎日着実に改善していくマインドと能力を持つことによって、著者は食品製造業の生産性を2倍に向上する事は可能だと確信している。食品工場の生産性を向上し、それにより日本の食品製造業にはより良い明日を迎えていただきたい。

　著者がコンサルをさせて頂いているあるパン工場のラインの生産性の1年ほどの推移を図表Ⅴ-1にグラフ化して示した。コンサル開始の前月の人時生産性を100％として1年間の生産性の推移を示したものである。このラインではコンサル開始時に比べて1年で生産性は約50％向

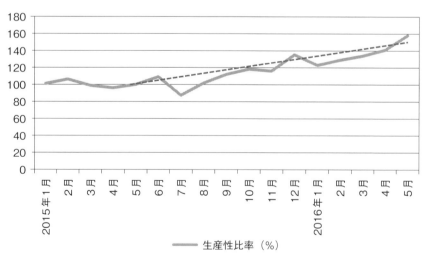

図表Ⅴ-1　パン工場ラインでの生産性向上推移

上した。もちろんこのラインの生産性が今まで低すぎたのかもしれないし、他の要件で偶然向上したのかもしれないがコンサル実施中に生産性が向上したのは紛れもない事実である。

　もちろん全ての工場のラインがこのような好結果になるとは限らないが、他のラインでも同様に向上したラインがいくつもあり、生産性改善活動が有効であったのは間違いないであろう。しかしコンサルを行っている工場のラインの中には、このように生産性が劇的に向上していないラインも存在するのも事実である。

　それではなぜそのような事が起きるのか、それを解き明かしてその原因を取り除くことができれば、ほとんど食品工場の生産性を上げる事ができるのではないかと思う。まず生産性がほとんど上がらなかった工場は、一言で言えば指摘されたことをほとんどしなかった。そしてこのような工場にもその原因が2種類あるような気がする。

　一つは従業員数が作業量に対して絶対的不足し作業以外は何もできない、もしくは従業員の能力的な面でできない為に、結果的にアドバイスに対して何も実行できなかった工場である。もう一つは気持ちの上で何かをしようという気持ちのない無気力な工場で、何もせずに時間だけが経過してしまう。こちらは工場のマネジメントに問題があると思う。

　このような工場では著者もさすがに何もできずに生産性向上はわずかであった。というよりも生産性の算出すらもこれらの工場ではできなかった。著者には無力感が残ったが、興味深い事に著者と工場の方々との間の人間関係は最後まで悪くなることは無かった。逆に言えば反発でもあればそれを梃子に何かができたかもしれないが、反応がなければどうしようもないというのが本音である。このような工場は稀であるがそれでも数10社に1社くらいはあるのではなかろうか。あるいはこの比率はもっと高いのかもしれない。現在の食品製造業の低生産性の要素の一つであることには間違いがない。

　ここ数年間に生産性向上のコンサルをさせて頂いた食品工場のほとん

ど（90％以上）においては、2年間で前述のように20％程度は生産性を上げることができたが、同じ会社の工場間、ライン間で1年程度の期間では生産性向上の度合いに差が出ているのも事実だ。もちろん同じ企業であっても、全ての工場が同じ経済環境に置かれているとは限らないし、同じ工場であってもラインが異なれば、生産する製品が異なるために、種々の条件が異なる可能性もある。同じ企業で同じ製品を生産する別工場のライン同士でも、生産性がある程度に異なる事が多い。

　ここに実は食品製造業の低生産性に至る秘密があるのかもしれない。15年以上食品製造業の低生産性に取り組んでいるが、その生産性の差を生み出す理由は何だろうか。最近とみに感ずるのはやはり人の問題ではないかと思う。先に挙げた何もしない工場を含めて工場の実行力を決定づけるのは従業員であり、特に課長、係長クラスの力ではないだろうか。ここでの力とは能力というより、実行力の差ではないだろうかと考えるようになってきた。従業員、特に管理職に適切な考え方、実行力がないと、生産性の向上はあり得ないのではないだろうか。生産現場を取り仕切る管理者こそ食品製造業の生産性向上の鍵、正にキーパーソンなのと考えている。

　したがって食品製造業の生産性を向上するためには、彼らの力（考え方や実行力）を如何に高めるかが重要になってくる。食品製造業において、あるいは貴社においては管理者の教育は適切に行われているであろうか。

　彼らがなぜ生産性を向上しなければならないのか生産性向上の必然性を理解し、問題点を見つける目と勇気を持ち、それを改善する実行力を持つような教育をされているであろうか。そのような観点が生産性向上のポイントとなる。

2 政府・行政に検討して欲しい事

　「昭和の遣唐使」の政策など、戦後の製造業の復興に政府の力添えが大きく影響していることは間違いないであろう。このような政策の恩恵をあまり被っていない食品製造業の生産性が他の製造業に比べて低迷してきたことは当然であるとも言える。もちろん今更食品製造業に政府の助成金を出して欲しいなどと言っているのではない。

　現在多くの生産性の高い製造業が過去に昭和の遣唐使等の施策を通じてどのような内容で産業力を向上していったかを検証し、食品製造業に不足している組織資産増強する為の施策を実施して頂きたいのである。食品製造業の生産性を向上する為の生産に対する考え方や生産管理手法や従業員の能力活性化などのカリキュラムを作成し、食品製造業の組織資産増強を図るような実務的な教育を、政府や自治体が行うことによって食品製造業の生産性を向上できるのではないだろうか。

　農水省は食品輸出額を2012年の4500億円から、2020年には1兆円を目論んでいるが、その額の実は50％は加工食品を当てているのである。日本の農政が最も力を入れてきたコメ・コメ加工品の食品輸出比率は驚くことにわずかに6％である。この事実からも食品輸出を考える上で如何に加工食品、すなわち加工食品を生産する食品製造業が重要であるかがわかる。対象の加工食品が輸出競争力をつけるためには、製品の品質を向上すると共に食品製造業の生産性を向上し価格競争力を付ける必要がある。

　輸出競争力を付けるためには品質だけでなくコストを抑制する必要があり、価格競争力をつけるためには食品製造業の生産性を向上する必要がある。そのために全要素生産性の向上は必須だと考えている。食品輸出の競争力を付けるためには、戦後多くの製造業が昭和の遣唐使などの

活動を通じて吸収した、生産マネジメント手法の食品製造業への普及を何よりも促進すべきである。

（社）農林水産先端技術産業振興センターの食品製造業のロードマップに見られるように、IT化や産業用ロボットの活用などが記載されている。しかしこのようないわゆる新技術だけでは食品製造業の生産性を向上するための施策としては不充分だと思う。一見革新的なIT化やロボットなどの新技術だけでは、Ⅲ章に示したように食品工場の生産性は向上しない。

なぜなら自動車製造の進化に伴って発達した産業用ロボットを食品工場で活用するためには、ハード的には機械とは物性の異なる食品用のハンドの開発を始めとして、食品工場用の産業ロボットとしてどのような仕様が必要かの検討から始めなくてはならないし、新技術を使いこなす人の知識や技能等の人の要素が必要だからである。即ちただロボットを導入するという表面的なものでなく、自動車製造を主たる対象として発達した産業用ロボットを如何に食品製造業に使えるようにするかと、それを使いこなす作業者の育成が食品工場へのロボット導入の大きなポイントである。政府は食品製造業の生産性を向上するために、生産性に直結する例えば食品用産業用ロボットのハンドの開発や、作業者育成の等の全要素生産性を向上させるための政策を是非行って頂きたいと思う。

過去の昭和の遣唐使の成果に対するアンケート調査で最も効果があったと参加者が答えているのは、生産管理力などの組織資産向上に必要な全要素生産性を向上するために必要なマネジメントのノウハウである。このように如何に効率的に生産するかといった知識や考え方が重要なのである。自動車などの製造業が高い生産性を上げることがどのような経緯でできたのか、食品行政に関わる方々には是非再検証して頂きたいと思う。

日本のような先進国では既に人口増による経済的ボーナスはないし、資本の寄与で生産性を向上させることはほとんどできない。どのように

して全要素生産性の向上による食品製造業の生産性向上を図るかしっかり考えて行かねばならないのである。食品製造業の生産性の向上などの発展のためには、大学等の食品製造に関する専門教育についてもその内容を一度見直す必要があるのではなかろうか。

　現在の農学を中心とする学問領域は生命科学にシフトし、食品に関する学科においても遺伝子関連のバイオや食品の機能についての研究に関するものが中心になっている。もちろんこれらは日本の将来の為に極めて重要であると思う。しかし他方食品工場では食品生産をシステムとして見る目を持つ、生産に強いエンジニアが極めて不足していると思う。食品製造業従事者の品質管理の理解不足はその典型である。食品工場に食品生産のエキスパートが少な過ぎる。そのため例えば工場のIT化を図ろうとしても、工場の仕事の流れを適確にシステムとして捉えることのできる技術者が少ないのが現実である。

　この事が食品工場のIT化の促進を阻んでおり、また食品工場において動かないソフトを多発させている原因にもなっている。例えば工場にソフトを導入する場合、ソフトベンダー（ソフト会社）のSE（システムエンジニア）と対等に議論できるような、生産を分析する能力やITに関する知識を持っている技術者がクライアント（発注者）側にも必要である。多くの場合実際ベンダーの持つ生産や工場に関する知識は表面的であることは否めない。なぜならベンダーの要員とクライアント側の従業員とでは、工場と向き合う時間が圧倒的に異なるからである。

　食品工場のIT化を図るためには食品生産エキスパートである工場技術者をIT化の推進者として養成するように生産工学に関する教育の実施が是非とも必要だと考える。誤解のないように申し上げるが食品企業の従事者にプログラミング能力を付けるべきだと言っているのではない。食品工場の技術者に必要なのは生産を論理的に考え生産のシステム化を図れる能力なのである。

　政府は今から約40年前には農芸化学を改組して生物（食品）化学と

工学を融合した食糧工学科のような学科を、多くの旧帝大に創設したが、現在では当時の本来の主旨から外れたのかほとんど生物（食品）化学に傾倒した学科になってしまっているように思う。食品製造業において生産物である製品やその原材料の研究は重要であるが、利益を上げることを目的とした企業体においては、製品を効率的に高品質で生産する事も極めて重要でそれを実行できる従業員が必要とされている。

　その意味では現在の多くの食品製造系の大学は原料と製品の生化学的性状の研究に偏り過ぎているのではないかと感じている。例えば学科の名称にもその傾向が感じられる。もちろん受験生の興味を引くために名称の変更を図った面もあると思うが、名は体を表すとの言葉通り内容も変わってしまっているのではないか。これらの学科はあくまでも食品製造業を対象とした実学であることを忘れてはならないのではないだろうか。このような学校では食品工場での食品生産に能力を持つ人材の養成も忘れてはならないはずだ。

　食品製造業は極めて大きな製造業でありながら、食品工場の生産性向上に取り組む学科は現在では実際ほとんどないように思う。工学部には経営工学科のように工場の生産性を対照する学科はあるが、農学部をはじめとして食品系学部には、食品工場の生産性向上を対象とした学科はないようである。工学部の経営工学が対象とする工場の多くは自動車のような組立型産業の生産性であり、食品工場の多くはバッチによるフローショップ生産の加工型製造業であり、自動車などの組立型とは生産の面で多くの点で異なるために、食品製造を対象とした経営工学を学べるところが必要なのではないだろうか。

　農学部には農業経済の学科はあるが、2次産業はほとんど対象にしていないと思われる。ところが農業の総産出額2010年には8兆2551億円に比べて、食品製造業の出荷額は24兆1140億円である。食品製造業にこれだけ巨額の製品出荷額がありながら、食品工場の生産効率の研究があまりなされていない事は著者には理解できない。食品工場の生産につ

いて研究する、大学などの高等教育機関があっても良いのではないだろうか。

　いずれにしても政府・行政の施策いかんによって食品製造業の生産性を伸すことができる。農水省に食品製造業課も設置されたことでもあるし、なぜ食品製造業の生産性は低下してしまったのかの視点で食品製造業の生産性向上に取り組んでいただければと思うしだいである。

おわりに

　この本を書くにあたって一番意識したのは、多くの主要な製造業の中で食品製造業だけがなぜ生産性を停滞させてしまったのか、その状況を引き起こした原因を解明し、それを食品製造業の皆様にご理解頂く必要があるという事である。なぜなら食品製造業の生産性停滞の真の原因を暴かないままで、現状に対して適切な対策を当然打つことはできないし、またその対策なしでは食品製造業の生産性向上はあり得ないからである。

　食品製造業の生産性が上がらなかった原因として、本書の中で一つ目には食品製造業界の昭和の遣唐使への不参加を上げている。もちろん様々な理由があるのだが、食品製造業関係者のこのムーブメントへの参加がほとんどなかった事によって、食品製造業の経営者や上級管理職中にマネジメントや生産管理の考え方が不足することになったのは間違いないであろうと考えている。

　経営者や上級管理職のマネジメントや生産管理への理解不足が原因で、食品製造業はトヨタ生産方式などの新しい経営工学を取り入れ実践することができなかったのではないか。そのために二つ目の原因である、トヨタ生産方式の持つ効率的な生産や品質に対する考え方や方法を実践する事ができずに、食品製造業では生産性の低迷が生じたと考えることができるであろう。

　最近では食品工場の生産性向上の本がいくつも見つけられるが、これら本は食品工場現場におけるいわゆる生産性向上のハウツーを記述しているものが多いようである。ハウツー（how to）と言えば専門的な知識をさすが、ノウハウを形成するHow toには二つのHow to即ちHow to do（どのようにするか）とHow to think（どのように考えるか）が含まれるのではないかと考えている。この二つのHow toのうち食品製

造業の生産性に関しては、How to thinkがより重要であると筆者は考えている。

なぜなら昭和の遣唐使に参加した人たちは製造の固有技術の習得よりも、生産管理などの経営技術の方が役に立ったと実際答えている。すなわち当時の日本の製造業には製造の固有技術（How to do）よりも経営技術であるマネジメント（How to think）の方が不足していたのであり、昭和の遣唐使を経験していない日本の食品製造業はHow to thinkが現在でも不足しているのではないだろうか。

したがって日本の食品製造業の生産性を向上するにはなぜ生産性が低下したのか、何が不足したために生産性が低下したのか、何をすれば生産性が向上するのか、トヨタの言う「なぜ×5」ではないが自問自答していかなければならないはずだ。実際食品工場の生産性向上の指導をさせて頂いている中で感じるのは、生産管理のマネジメント不足であり、経営者の生産性向上に対する思いの低さであり、管理監督者の生産性向上に対する思いの欠如である。

その思いの形成無くして日本の食品製造業の生産性向上はあり得ないと考えている。食品製造業の経営者・上級管理職の方々にこの考えや思いの部分の必要性をご理解いただけることを強く期待している。実際、日本の食品製造業のリーダーには食品製造業の生産性を少なくとも製造業平均まで向上させる責任があるはずである。食品製造業の生産性が低下した原因をもう一度噛みしめて、適切な対策を打てば必ず生産性は向上できるはずと確信している。

多くの先進的な製造業は、生産性向上のために最近ではIoT（Internet of Things）、IE4.0等*のネット環境を利用した生産性の効率化やAI（人工知能）を取り込んだ生産の革新に取り組み始めている。このような状況にあって、日本の食品製造業が旧態依然の生産に対する考えのままであれば、他の製造業との較差はますます広がるばかりであろう。

そのような事にならないように、1日も早く製造業平均の生産性、即

ち現在の食品製造業の生産性の2倍程度には生産性を向上しなければならない。そのような食品製造業の未来を期待すると同時に、食品製造業の皆様が生産性向上のために、本書を活用してその目標を達成して頂き、その過程で本書がいささかでもお役にたてば著者として望外の喜びである。

　本書の完稿には記せずに時間を要したが、その間編集部の藤井浩氏にご助力をいただいたことを記して感謝の意を表したい。

奈良の寓居にて

＊第4次産業革命（IoT, IE4）：農業・手工業の時代から第1次は18世紀後半の工業の黎明期、第2次は19世紀後半の大量生産、第3次は第2次世界大戦後の電子化による製品、生産設備システム進化、トヨタ式等のリーンな多品種少量生産、第4次産業革命は高速な情報のやり取りのつながる化と捉える。

参考文献

- 通商産業省・経済産業省：工業統計調査、昭和17年度版～平成23年度版
- 原田泰：大和証券、エコノミスト情報、ヨーロッパの生産性はなぜ日本より高いのか（2007）
- 弘中泰雅：食品製造業の生産性国際比較、グローバル経営学会講演会論文集（2011）
- 大内章子：欧米経営技法の導入、三田商学研究、第40巻、第6号（1998）
- 尾高煌之助：明治のお雇い外国人と産業発展の構図、法政大学イノベーション・マネジメント研究センター、ワーキングペーパーシリーズ、No.43
- 和田正武：戦後日本の中小企業技術政策、帝京経済学研究、42巻　第2号（2009）
- 佐々木聡：戦後日本の生産性向上運動の生成と海外視察団の派遣、経営と情報：静岡県立大学・経営情報学部／学報　8（2）、（1996）
- 伊藤健市：トップ・マネジメント視察団は何をアメリカから学んだのか（1）、関西大学商学論集、第54巻　第3号（2009）
- 由井　浩：日本型品質管理の特徴としての全員参加（1）、経営学論集　vol.48　No.4（2009）
- 明石芳彦：日本企業の品質管理様式・小集団活動・提案制度：時代区分的考察、大阪市大「季刊経済研究」、vol.19　No.1（1996）
- 児玉和人：1950年代の日本自動車メーカーによる外製化とサプライヤーの対応、経済学論集、vol.42　No.1（2002）
- 弘中泰雅著：生産性向上と顧客満足を実現する食品工場の品質管理、日刊工業新聞社（2012）
- 弘中泰雅：日本生産管理学会誌、「全要素生産性から見た日本の食品製造業の実情」、Vol.15,No.1,99（2008）
- 弘中泰雅：日本生産管理学会誌、「食品製造業はなぜ低生産性か－工場規模の影響—」、Vol.17,No.1,1（2010）

参考文献

- 弘中泰雅：日本生産管理学会誌、「食品製造業における非正規雇用問題」、Vol.17,No.2,25（2010）
- 弘中泰雅：日本生産管理学会誌、「食品製造業はなぜ低生産性か」─食品工場に良く見られる生産性阻害の原因─」Vol.17,No.3,83（2011）
- 弘中泰雅：日本生産管理学会誌、「食品製造業が低生産性である本当の理由」、Vol.18,No.2,137（2012）
- 弘中泰雅：日本生産管理学会誌、「日本の食料と食品産業の概況の推移」Vol.18,No.2,143（2012）
- 弘中泰雅：日本生産管理学会誌、「食品製造業における販管費と利益率の関係」Vol.19,No.1,41（2012）
- 弘中泰雅：日本生産管理学会誌、「食品企業における品質管理の問題点」、VOL.19、No.2
- 弘中泰雅：「食品製造業の生産性と全要素生産性（TFP）」、FFI JOURNAL, Vol.213.No.12（2008）
- 弘中泰雅：「食品製造業の規模と業種による生産性の違い」、FFI JOURNAL, Vol.216.No.2（2011）
- 弘中泰雅編著：こうやれば儲かりまっせ！食品工場の経営改革、光琳（2003）
- 大野耐一著：トヨタ生産方式　─脱規模の経営をめざした─　ダイヤモンド社（1978）
- トヨタ自動車工業株式会社　教育部：トヨタ式生産システム　─トヨタ方式─（1973）
- トヨタ自動車工業株式会社　教育部：トヨタ式生産システム　─応用編─（1977）
- 古畑友三監修・佐武弘章著：原理・原則にもとづく現場改善の実践、日科技連（2007）
- 50年史編集委員会：船井電機50年のあゆみ、船井電機（2011）
- 下川浩一、佐武弘章編：日産プロダクションウェイ、有斐閣（2011）

- 公益財団法人　日本生産性本部　生産性総合研究センター：日本の生産性の動向　2013年版、生産性研究レポート、No.027
- 厚生労働省：平成17年版　労働経済の分析
- （社）日本情報システム・ユーザー協会：企業のIT投資動向に関する調査報告書（企業IT動向調査）（2011）
- 経済産業省：2005年版製造基盤白書（ものづくり白書）
- 弘中泰雅編著：食品工場の経営改革　こうやれば儲かりまっせ　光琳（2013）
- 弘中泰雅：日本生産管理学会論文誌,Vol.15, No.1（2008）
- 弘中泰雅：日本生産管理学会論文誌,Vol.17, No.1（2010）
- 食品産業センター：平成21年版食品産業統計年報
- 食品需要研究センター：食品製造業の経営指標
  http://www.fmric.or.jp/management/02.html
- 食品産業機能高度化計画検討委員会報告：「今後の食品産業の技術開発の方向と効果的な産官学連携について」、（財）食品産業センター　（2004）
- （社）農林水産先端技術産業振興センター：食品産業技術ロードマップ集（2011）
- 日経ビジネス、2013.6.24号、日経BP社
- 酒井博司：三菱総研倶楽部、Vol.2、No.2（2005）
- 宮川努：生産性の経済学―我々の理解はどこまで進んだか―　日本銀行ワーキングペーパーシリーズ、No.06-J-06（2006）
- Erik Brynjolfsson：インタンジブル・アセットの戦略的価値　～生産性向上の追求とIT価値の最大化～　MIT研究報告①　CSKXPRESS　Vol.112（2003）
- 財務総合研究所：「日本経済の効率化と回復策に関する研究会（Ⅱ）報告について、―制度依存的経営から挑発的経営へ（2001）
  ww.mof.go.jp/jouhou/soken/kenkyu/zk036/zk036.pdf
- 2013データブック　オブ・ザ・ワールド　二宮書店（2013）

参考文献

- 漁港港勢の概要．平成13年、農林水産省
- 農林水産統計（2010）
- 望月大督、平井慎一：並進4自由度柔軟3指ハンドによる多ような物体の把持、№.15-2 Proceedings of the 2015 JSME Conference on Robotics and Mechatronics, Kyoto, Japan, May 17-19, 2015
- 石川淳一、平井慎一：柔軟指ハンドによる多種類の物体のハンドリング、第31回日本ロボット学会学術講演会（2013年9月4日～6日）
- 谷口祐介、平井慎一：ロボットハンドによるレオロジー物体のピックアンドプレース、№.12-3 Proceedings of the 2012 JSME Conference on Robotics and Mechatronics, Hamamatsu, Japan, May 17-19, 2015
- 弘中泰雅：日本生産管理学会、第35回全国大会講演論文集（2012）
- 弘中泰雅著：ムダをなくして利益を生み出す　食品工場の生産管理、日刊工業新聞社（2011）
- 弘中泰雅：生産性向上と顧客満足を実現する　食品工場の品質管理、日刊工業新聞社（2012）
- 弘中泰雅：モノと人の流れを改善し生産性を向上させる！　食品工場の工程管理、日刊工業新聞社（2013）
- 弘中泰雅：食品工場の経営改革　こうやれば儲かりまっせ、光琳（2013）
- 弘中泰雅：後工程はお客ようで生産効率を上げる　食品工場のトヨタ生産方式、日刊工業新聞社（2015）

索　引

英・数

GDP ······················· 109
GDP（国内総生産）··············· 36
How to ······················ 201
IE4.0 等 ····················· 202
IoT ························ 202
IT化による成長 ················· 114
ITスキル向上 ·················· 89
IT投資 ······················ 85
IT投資に対する目的意識 ············ 87
IT投資の目的 ·················· 87
IT投資比率 ···················· 86
IT投資分野 ···················· 85
ITリテラシー ·············· 114, 123
ITリテラシー（識字率）············ 87
JK ························· 54
OJT ························ 54
OJT教育 ····················· 54
PCB ························ 73
QCサークル活動 ················· 54
QCサークル活動の基本理念 ·········· 54
QC手法 ······················ 79
SQC ························ 53
TFP上昇率の変化 ················ 115
TPS（トヨタ生産システム）········· 73
TQC ························ 53
VA ························· 54
ZD ························· 54

あ行

（アドリブ）の機能 ··············· 180
アベノミクス ··················· 37
あるべき（標準作業）状態 ·········· 137
あんどん方式 ············ 74, 142, 182
暗黙知 ······················ 115
異常なし ····················· 136

一般管理費 ···················· 96
インタンジブル・アセット ·········· 119
動くと働く ··················· 131
売上高営業損益率 ················ 92
売上高経常利益率 ················ 93
売上高総損益率 ················· 92
売上高総利益率 ················· 93
運搬作業 ················ 143, 175
円滑な生産の流れ ················ 149
大野耐一 ····················· 127
大野耐一著「トヨタ生産方式」······· 71
お雇い外国人 ··················· 100

か行

海外視察団 ···················· 68
海外派遣使節団 ················· 70
海外派遣制度 ··················· 68
回収無き研究投資 ················ 90
科学技術の進歩 ················· 116
確率分布 ····················· 160
過剰が問題を覆い尽くす ··········· 136
課題発見能力 ··················· 57
可働率 ······················ 169
ガントチャート ················· 180
管理会計 ····················· 130
管理会計的な手法 ················ 138
管理者の教育 ··················· 194
機械設備の更新 ················· 169
企業の風土 ···················· 124
技術革新 ····················· 117
給与格差 ····················· 70
給与水準の低さ ················· 136
経営指数 ····················· 130
経営者の意識 ··················· 100
経営マネジメント ················ 121
経済的豊かさの指標 ··············· 38
計量精度 ····················· 162

209

計量のバラツキ（偏差）⋯⋯⋯⋯⋯	157
原材料の直接購買率⋯⋯⋯⋯⋯⋯⋯	100
原材料費率⋯⋯⋯⋯⋯⋯⋯⋯⋯⋯⋯	156
検査業務の自動化⋯⋯⋯⋯⋯⋯⋯⋯	172
効果のない販売管理費⋯⋯⋯⋯⋯⋯	92
工場⋯⋯⋯⋯⋯⋯⋯⋯⋯⋯⋯⋯⋯⋯	81
工場売上高－原材料費＝付加価値額⋯	109
工場規模と生産性との関係⋯⋯⋯⋯	63
工場規模の増大による生産性向上⋯	61
工場規模のメリット⋯⋯⋯⋯⋯⋯⋯	59
工場は宝の山⋯⋯⋯⋯⋯⋯⋯⋯⋯⋯	76
工場レイアウト⋯⋯⋯⋯⋯⋯⋯⋯⋯	177
工程⋯⋯⋯⋯⋯⋯⋯⋯⋯⋯⋯⋯⋯⋯	148
購買力平価（PPP）⋯⋯⋯⋯⋯⋯⋯	36
国民一人当たりGDP⋯⋯⋯⋯⋯⋯⋯	36
個人完結型の作業⋯⋯⋯⋯⋯⋯⋯⋯	145
コスト意識⋯⋯⋯⋯⋯⋯⋯⋯⋯⋯⋯	81
固定比率⋯⋯⋯⋯⋯⋯⋯⋯⋯⋯⋯⋯	93
雇用形態⋯⋯⋯⋯⋯⋯⋯⋯⋯⋯⋯⋯	46
雇用条件⋯⋯⋯⋯⋯⋯⋯⋯⋯⋯⋯⋯	49
コンタミ⋯⋯⋯⋯⋯⋯⋯⋯⋯⋯⋯⋯	186

さ行

（財）日本科学技術連盟⋯⋯⋯⋯⋯	77
材料の利用率⋯⋯⋯⋯⋯⋯⋯⋯⋯⋯	165
作業の改善⋯⋯⋯⋯⋯⋯⋯⋯⋯⋯⋯	141
産業用ロボット⋯⋯⋯⋯⋯⋯⋯⋯⋯	172
産業用ロボットの構造⋯⋯⋯⋯⋯⋯	173
産出（output）／投入（input）の関係⋯	108
自己資本比率⋯⋯⋯⋯⋯⋯⋯⋯⋯⋯	93
仕事量と供給労働量のバランス⋯⋯	154
実作業時間⋯⋯⋯⋯⋯⋯⋯⋯⋯⋯⋯	152
自動化⋯⋯⋯⋯⋯⋯⋯⋯⋯⋯⋯⋯⋯	171
自動化⋯⋯⋯⋯⋯⋯⋯⋯⋯⋯⋯⋯⋯	171
自動搬送車⋯⋯⋯⋯⋯⋯⋯⋯⋯⋯⋯	177
収益性の指標⋯⋯⋯⋯⋯⋯⋯⋯⋯⋯	93
収益の指標⋯⋯⋯⋯⋯⋯⋯⋯⋯⋯⋯	96
従業員教育⋯⋯⋯⋯⋯⋯⋯⋯⋯⋯⋯	46
従業員数規模⋯⋯⋯⋯⋯⋯⋯⋯⋯⋯	59
従業員の教育⋯⋯⋯⋯⋯⋯⋯⋯⋯⋯	53
従事者のモチベーション⋯⋯⋯⋯⋯	44

シューハート⋯⋯⋯⋯⋯⋯⋯⋯⋯⋯	77
出荷検査⋯⋯⋯⋯⋯⋯⋯⋯⋯⋯⋯⋯	79
ジュラン（J.M.Juran）⋯⋯⋯⋯⋯⋯	77
小集団活動⋯⋯⋯⋯⋯⋯⋯⋯⋯⋯⋯	53
昭和の遣唐使⋯⋯⋯⋯⋯⋯⋯⋯	67, 121
職業の経験年数と勤続年数⋯⋯⋯⋯	43
職場の改善⋯⋯⋯⋯⋯⋯⋯⋯⋯⋯⋯	123
職場の組織（無形）資産作り⋯⋯⋯	127
食品企業の独立性⋯⋯⋯⋯⋯⋯⋯⋯	100
食品製造業高生産性群⋯⋯⋯⋯⋯⋯	32
食品製造業生産性の国際比較⋯⋯⋯	38
食品製造業低生産性群⋯⋯⋯⋯⋯⋯	32
食品製造業の特性⋯⋯⋯⋯⋯⋯⋯⋯	130
食品製造業は二極化⋯⋯⋯⋯⋯⋯⋯	30
女性パート社員⋯⋯⋯⋯⋯⋯⋯⋯⋯	47
人口増加により消費量が増加⋯⋯⋯	105
人口ボーナス⋯⋯⋯⋯⋯⋯⋯⋯⋯⋯	105
水産製造業⋯⋯⋯⋯⋯⋯⋯⋯⋯⋯⋯	27
スケジューラ⋯⋯⋯⋯⋯⋯⋯⋯⋯⋯	180
スケジュール⋯⋯⋯⋯⋯⋯⋯⋯⋯⋯	143
スケジュールのムダ⋯⋯⋯⋯⋯⋯⋯	179
ストップ時計⋯⋯⋯⋯⋯⋯⋯⋯⋯⋯	74
ストップボタン⋯⋯⋯⋯⋯⋯⋯⋯⋯	182
ストップランプ（あんどん）⋯⋯⋯	182
正規社員比率⋯⋯⋯⋯⋯⋯⋯⋯⋯⋯	47
正規分布⋯⋯⋯⋯⋯⋯⋯⋯⋯⋯⋯⋯	160
正規分布曲線⋯⋯⋯⋯⋯⋯⋯⋯⋯⋯	160
精穀・製粉製造業⋯⋯⋯⋯⋯⋯⋯⋯	28
生産管理技術⋯⋯⋯⋯⋯⋯⋯⋯	63, 73
生産管理技術習得の機会喪失⋯⋯⋯	64
生産管理手法習得⋯⋯⋯⋯⋯⋯⋯⋯	59
生産効率の指数⋯⋯⋯⋯⋯⋯⋯⋯⋯	108
生産順序⋯⋯⋯⋯⋯⋯⋯⋯⋯⋯⋯⋯	180
生産性⋯⋯⋯⋯⋯⋯⋯⋯⋯⋯⋯⋯⋯	108
生産性向上⋯⋯⋯⋯⋯⋯⋯⋯⋯⋯⋯	108
生産性向上運動⋯⋯⋯⋯⋯⋯⋯⋯⋯	67
生産性低下の原因⋯⋯⋯⋯⋯⋯⋯⋯	42
生産性／人と給与額／人の関係⋯⋯⋯	35
生産性を向上させる仕組み⋯⋯⋯⋯	76
生産設備の多台持ち⋯⋯⋯⋯⋯⋯⋯	151
生産データ⋯⋯⋯⋯⋯⋯⋯⋯⋯⋯⋯	130

生産リソース・・・・・・・・・・・・・・・・・・・164
製造業平均の生産性・・・・・・・・・・・・・32
製造現場の報告書・・・・・・・・・・・・・・136
製品の生産順・・・・・・・・・・・・・・・・・・186
整流表・・・・・・・・・・・・・・・・・・・・・・・・・135
設備のムダ・・・・・・・・・・・・・・・・・・・・168
洗浄等の段取り時間・・・・・・・・・・・186
全要素生産性・・・・・・・・・・55, 126, 113
全要素生産性を向上させる要因・・・・・・・114
総資本営業利益率・・・・・・・・・・・・・・93
装置型製造業・・・・・・・・・・・・・・・・・・33
装置型素材型製造業・・・・・・・・・・・・35
想定工場出荷額・・・・・・・・・・・・・・・110
ゾーニング・・・・・・・・・・・・・・・・・・・・168
組織資産・・・・・・・・・・・・113, 116, 126
組織資産の蓄積・・・・・・・・・・・・・・・125
その他の食品製造業・・・・・・・・・・・・25

た行

第2次産業革命・・・・・・・・・・・・・・・116
第4次産業革命・・・・・・・・・・・・・・・203
タクトタイム・・・・・・・・・・・・・・・73, 146
単純作業・・・・・・・・・・・・・・・・・・・・・171
単純な作業・・・・・・・・・・・・・・・・・・・143
断続生産の状態・・・・・・・・・・・・・・・149
端末画面・・・・・・・・・・・・・・・・・・・・・183
遅延原因の解明・・・・・・・・・・・・・・・181
畜産製造業・・・・・・・・・・・・・・・・・・・26
調味料製造業・・・・・・・・・・・・・・・・・28
直行率・・・・・・・・・・・・・・・・・・・・・・・163
通路の確保・・・・・・・・・・・・・・・・・・・177
通路の問題・・・・・・・・・・・・・・・・・・・176
作り込む品質・・・・・・・・・・・・・・・・・79
提案制度・・・・・・・・・・・・・・・・・・・・・56
ディスクリート・・・・・・・・・・・・・・・158
テイラー主義・・・・・・・・・・・・・・・・・54
手押し台車・・・・・・・・・・・・・・・・・・・175
徹底したムダ排除の方式・・・・・・145
手待ち・・・・・・・・・・・・・・・・・・・・・・・151
手待ちや手空き・・・・・・・・・・・・・・151
デミング（W.E.Deming）・・・・・・・77

デミング流のSQCの着眼点・・・・・・・77
ドイツのパン工場・・・・・・・・・・・・・177
統計的品質管理・・・・・・・・・・・77, 79
当座比率・・・・・・・・・・・・・・・・・・・・・93
動植物油脂製造業・・・・・・・・・28, 30
同族企業・・・・・・・・・・・・・・・・・・・・・121
東北大震災・・・・・・・・・・・・・・・・・・・20
動力伝達・・・・・・・・・・・・・・・・・・・・・116
徒弟制度・・・・・・・・・・・・・・・・・・・・・130
トヨタ生産システム・・・・・・・・・・127
トヨタ生産方式・・・・・・・・・・・71, 76

な行

なぜなぜの5回繰り返し・・・・・・・129
七つのムダ・・・・・・・・・・・・・・・・・・・145
並べ替え・・・・・・・・・・・・・・・・・・・・・171
並べ替え作業・・・・・・・・・・・・・・・・・171
日本生産性本部・・・・・・・・・・・・・・・67
日本能率協会・・・・・・・・・・・・・・・・・103
入場の衛生シーケンス・・・・・・・・・81
人時生産性・・・・・・・・・・・・・・・・・・・108

は行

ハウツー・・・・・・・・・・・・・・・・・・・・・201
計り込み（過量）・・・・・・・・・・・・・157
箱詰め・・・・・・・・・・・・・・・・・・・・・・・171
バブル経済・・・・・・・・・・・・・・・・・・・49
パラダイム・・・・・・・・・・・・・・・・・・・117
バラツキの検証・・・・・・・・・・・・・・・162
パン・菓子製造業・・・・・・・・・・・・・28
販管費・・・・・・・・・・・・・・・・・・・・・・・92
販管費の比率・・・・・・・・・・・・・・・・・92
ハンド（マニュピレータ）・・・・・173
販売費・・・・・・・・・・・・・・・・・・・・・・・96
ヒストグラム（度数分布図）・・・184
非正規社員の比率・・・・・・・・・・・・・46
非正規の短期間労働者・・・・・・・・・45
一人当たり売上高・・・・・・・・・・・・・93
一人当たり付加価値額・・・・・94, 110
非付加価値労働・・・・・・・・・・・・・・・131
品質管理・・・・・・・・・・・・・・・・・・・・・77

品質管理手法導入	77
品質管理のJISにおける定義	79
品質管理の不良率の概念	82
品質保証	79
品質を生産段階で作り込む	78
ファイゲンバウム（F.Feigenbaum）	78
付加価値	108, 165
付加価値額	155
付加価値金額	109
付加価値金額／人	20
付加価値労働	131
付加価値労働生産性	109
物的労働生産性	109
古い経営者の考え	100
プロセス型の製造業	33
分割機能	158
偏差	160
方向転換	171
ボトルネック	148

ま行

マクロな課題	102
見えざる資産	115
見える化	180
ミクロな課題	103
ミクロの問題	126
脈流生産	149
民間通信局（CCS）	77
無形資産	113, 114
メイクスパン	135, 186
名目労働生産性	38
モチベーション	43, 47
物（ワーク）の滞留	148
問題意識	101
問題解決能力	57
問題がないのが最大の問題	76, 184
問題点発見装置	184
問題点を顕在化	181
問題なし	136
問題の顕在化の仕組み	128
問題の顕在化（見える化）	145
問題を顕在化	76
問題を発生させながら問題を解決	131

や行

野菜・農産製造業	28
山積み山崩し	146
有形資産	113

ら行

ラインの流れ作業	146
ラインパトロール	79
ラインバランスの崩れ	74
リーマン・ショック	20
流動比率	93
労働集約型の加工型食品製造業	35
労働生産性	18, 108
労働生産性が向上しない原因	47
労働の質	43
労働の質が低下	52
労働の成果	108
労働量と作業量のヒストグラム	184
労働力の供給過剰	184

著者紹介

弘中　泰雅　（ひろなか　やすまさ）

　テクノバ株式会社　代表取締役
http://www.technova.ne.jp　　hironaka@technova.ne.jp

経歴
農学博士（九州大学）：パンの品質特性に及ぼす製造条件に関する研究
鹿児島大学大学院水産研究科修了：魚肉タンパク質の冷凍変性抑制
中堅食品企業にて研究室長、製造課長等歴任
船井電機にて食品研究課長、電化事業部技術責任者
　世界初の家庭用製パン器の開発に携わる　功績により社長表彰
現在　テクノバ株式会社　代表取締役
　日本生産管理学会理事
　生産管理ソフト「アドリブ」開発
　コンサルタント：食品工場等の生産性向上指導多数
　ISO22000審査員補

受賞
　ベストITサポーター賞（近畿経済産業局長）　（2006）
　日本生産管理学会賞（実務書）　　　　　　　（2013）
　日本穀物科学研究会賞　　　　　　　　　　　（2016）

所属学会
　日本生産管理学会　理事、日本食品科学工学会　正会員、
　標準化研究学会、　日本穀物科学研究会　幹事、
　食品産業研究会　主査、

主な著作
・後工程はお客ようで生産効率を上げる！食品工場のトヨタ生産方式、日刊工業新聞社（2015）
・こうやれば儲かりまっせ！食品工場の経営改革（編著）、光琳（2013）
・モノと人の流れを改善し生産性を向上させる！食品工場の工程管理、日刊工業新聞社（2013）
・生産性向上と顧客満足を実現する食品工場の品質管理、日刊工業新聞社（2012）
・ムダをなくして利益を生み出す食品工場の生産管理、日刊工業新社（2011）
・よくわかる「異常管理」の本、日刊工業新聞社（2011）
・月刊食品工場長（日本食糧新聞社）連載：「目指せ！生産性向上」・食品工業（光琳）「生産性の視点から見た食品製造業」、「システムの視点から見た食品製造業」、「食品製造業はなぜ低利益率か」シリーズ等
・ISOマネジメント、工場管理（日刊工業新聞社）、工場管理（日刊工業新聞社）、月刊自動認識（日本工業出版）、生産性新聞（社会生産性本部）、食糧新聞（日本食糧新聞社）、日本食品工業学会誌、日本生産管理学会誌、技術誌、業界誌などに執筆多数

食品工場の生産性2倍
"ムダに気づく"人づくり・仕組みづくり

NDC509.6

2016年9月30日　初版1刷発行　　　　定価はカバーに表示されております。

　　　　　　　©著　者　　弘　中　泰　雅
　　　　　　　　発行者　　井　水　治　博
　　　　　　　　発行所　　日刊工業新聞社

〒103-8548　東京都中央区日本橋小網町14-1
電話　書籍編集部　　03-5644-7490
　　　販売・管理部　03-5644-7410
　　　FAX　　　　　03-5644-7400
振替口座　00190-2-186076
URL　http://pub.nikkan.co.jp/
email　info@media.nikkan.co.jp

印　刷・製　本　新日本印刷

落丁・乱丁本はお取り替えいたします。　　2016　Printed in Japan
ISBN 978-4-526-07602-2

本書の無断複写は、著作権法上の例外を除き、禁じられています。